普通高等教育"十三五"规划教材——油气田化学系列
中国石油和石化工程教材出版基金资助项目

油气田应用化学

主　编　陈海群
副主编　万国赋　郭文敏

中国石化出版社

内 容 提 要

　　本书介绍了与钻井工程、采油工程、油气集输工程相关的油气田化学应用技术及相对应的常用油气田化学助剂，并结合油气田生产的实际情况，理论联系实际，阐明应用基本原理解决实际问题时的思路与方法。全书共分六章，内容包括钻井液化学、水泥浆化学、化学驱油、油气井的化学改造、油气层的酸化压裂改造和集输化学等。

　　本书可作为高等院校石油工程、油气储运工程、应用化学等相关专业本科生、研究生和教师的教学用书，也可供油气田相关技术部门研究人员和技术人员参考使用。

图书在版编目（CIP）数据

　　油气田应用化学 / 陈海群，万国赋，郭文敏主编 .
—北京：中国石化出版社，2019.6
　　普通高等教育"十三五"规划教材 . 油气田化学系列
　　ISBN 978-7-5114-5339-6

　　Ⅰ.①油… Ⅱ.①陈… ②万… ③郭… Ⅲ.①油气田-应用化学-高等学校-教材 Ⅳ.①TE39

　　中国版本图书馆 CIP 数据核字（2019）第 095343 号

中国石化出版社出版发行

地址:北京市朝阳区吉市口路 9 号
邮编:100020　电话:(010)59964500
发行部电话:(010)59964526
http://www.sinopec-press.com
E-mail:press@sinopec.com
北京柏力行彩印有限公司印刷
全国各地新华书店经销

*

787×1092 毫米 16 开本 10.5 印张 261 千字
2019 年 7 月第 1 版　2019 年 7 月第 1 次印刷
定价:36.00 元

PREFACE 前言

油气田化学是近几十年发展起来的交叉学科，是石油工程各学科领域共同的基础支撑学科之一，其应用性和实用性很强。它针对油气田开发、生产过程中的化学问题，涉及钻井、采油和储运等石油工业上游作业过程中的各个方面。随着石油工业的迅速发展，种类繁多的化学助剂和化学方法在石油工业中的应用日益广泛，油气田化学已经成为油气田开发、生产中必需的知识以及保证油气正常生产而必备的技术。目前，油气田化学已发展成为石油科学的一个重要分支。

本书以钻井、固井、采油、油气集输和油气田污水处理等领域的所涉及的化学问题及基础化学知识为主线，结合生产应用实际并综合相关的新技术、新方法编写而成。全书共分六章，内容包括钻井液化学、水泥浆化学、化学驱油、油气井的化学改造、油气层的酸化压裂改造和集输化学等。

本书由陈海群任主编，负责全书的编写立项和统稿，万国赋、郭文敏任副主编，由陈海群、万国赋、郭文敏、白金美、张少辉共同编写。本书出版得到"中国石油和石化工程教材出版基金"资助，在编写的过程中得到了常州大学教务处、石油工程学院以及石油化工学院的大力支持；同时，本书在编写时得到了石油工程教研室全体老师以及万永华、张浩、姚靖等研究生和本科生的大力帮助，在此一并表示感谢。在编写过程中参考引用了相关的教材、书籍、期刊、产品样本及技术手册等资料，在此对引用文献的有关作者表示衷心的感谢！

鉴于油气田化学是一门涉及多个学科的交叉型学科，涉及面广，专业性强，其理论和技术发展迅速，加之编者水平有限，书中难免有不妥或疏漏之处，热诚希望广大师生提出宝贵意见。

CONTENTS 目 录

第一章 钻井液化学 ……………………………………………………（ 1 ）

第一节 黏土矿物的晶体构造与性质 …………………………………（ 1 ）

第二节 钻井液的功能与组成 …………………………………………（ 10 ）

第三节 钻井液处理剂 …………………………………………………（ 12 ）

第四节 常见的钻井液体系 ……………………………………………（ 36 ）

思考题 ……………………………………………………………………（ 41 ）

第二章 水泥浆化学 ……………………………………………………（ 42 ）

第一节 水泥浆的功能与组成 …………………………………………（ 42 ）

第二节 水泥浆外加剂 …………………………………………………（ 45 ）

第三节 水泥浆体系 ……………………………………………………（ 52 ）

思考题 ……………………………………………………………………（ 54 ）

第三章 化学驱油 ………………………………………………………（ 55 ）

第一节 聚合物驱油 ……………………………………………………（ 56 ）

第二节 表面活性剂驱油 ………………………………………………（ 64 ）

第三节 碱水驱油 ………………………………………………………（ 76 ）

第四节 复合驱油 ………………………………………………………（ 79 ）

思考题 ……………………………………………………………………（ 81 ）

第四章 油气井的化学改造 ……………………………………………（ 82 ）

第一节 油水井化学堵水 ………………………………………………（ 82 ）

第二节 油气井化学防砂 ………………………………………………（ 95 ）

第三节 油井化学清防蜡 ………………………………………………（101）

思考题 ……………………………………………………………………（108）

第五章 油气层的酸化压裂改造 ………………………………………（109）

第一节 酸化原理及酸化用酸 …………………………………………（109）

I

　第二节　酸液添加剂 ……………………………………………………………（115）

　第三节　压裂液 …………………………………………………………………（118）

　第四节　压裂液添加剂 …………………………………………………………（123）

　第五节　开发页岩气、煤层气用压裂液 ………………………………………（128）

　思考题 ……………………………………………………………………………（131）

第六章　集输化学 ……………………………………………………………………（132）

　第一节　原油的破乳和消泡 ……………………………………………………（132）

　第二节　原油降凝、降黏和减阻 ………………………………………………（135）

　第三节　集输系统的腐蚀与防腐 ………………………………………………（136）

　第四节　天然气处理 ……………………………………………………………（143）

　第五节　油气田污水处理 ………………………………………………………（149）

　思考题 ……………………………………………………………………………（159）

参考文献 ……………………………………………………………………………（160）

第一章　钻井液化学

钻井液是指钻井中使用的工作流体，它可以是液体或气体。最早的钻井液称为泥浆，顾名思义就是由黏土组成，类似于泥巴的东西。钻井时所钻遇的地层大多是泥页岩和砂岩，它们都含有黏土。井眼的稳定性在很大程度上也取决于钻井液与地层岩石的相互作用。如果钻井液使用不当，滤液与黏土之间的相互作用还会降低油井生产能力。在钻井液性能的控制与调整中，化学法是重要的方法。利用化学方法通过研究钻井液的组成、性能及其控制与调整以达到优质、快速、安全、经济的钻井的目的，这是钻井液化学学习内容中的应有之义。

黏土是配制钻井液的重要原材料，它的主体矿物为黏土矿物，黏土矿物的结构和基本特性与钻井液的性能及其控制与调整密切相关，因此，在学习钻井液化学之前，应对黏土矿物的结构和基本特性有一个基本了解。

第一节　黏土矿物的晶体构造与性质

一、黏土的组成

黏土是由极细的黏土矿物组成，其颗粒小于 $2\mu m$，在水中具有分散性、带电性和离子交换性。化学分析表明黏土主要含有氧化硅（SiO_2）、氧化铝（Al_2O_3）和水，还含有少量的铁、碱金属和碱土金属。

实际上黏土矿物是细分散的、含水的层状构造硅酸盐矿物和层链状构造硅酸盐矿物及含水的非晶质硅酸盐矿物的总称。我们先从黏土矿物的基本构造单元入手来介绍。

二、黏土矿物的两种基本构造单元

1. 硅氧四面体 $[SiO_4]^{4-}$ 和硅氧四面体片 $[Si_4O_{10}]^{4-}$

硅是一个 4 价的原子，它可以与其他的原子以共价键的形式形成 4 个共价键。那么，对硅原子来说，它同样可以与 4 个氧原子以共价键结合，形成硅原子在中心，4 个氧原子以相等的距离相连的四面体结构，称为硅氧四面体（图 1-1）。从图 1-1 可知，在硅氧四面体

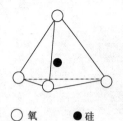

○ 氧　● 硅

图 1-1　硅氧四面体

中，有 3 个氧位于同一平面上，称为底氧，剩下一个位于顶端，称为顶氧。

由于四面体顶点的氧原子都是-2 价的，可与其他硅氧四面体共用。在一个平面上，硅氧四面体之间以底部平面的氧相联结，此时第四个顶点的氧都指向同一个方向，这样就联结成一系列六边形网面，称为四面体片（图 1-2）。

四面体片中每个硅氧四面体有三个顶点是共用的，一个没有共用。四面体中的 Si^{4+} 电价分配给每个顶点各+1 价，位于共用顶点处的 O^{2-} 的负价被邻近的两个四面体中的 Si^{4+} 完全平衡，没有剩余的负价来结合其他阳离子，可称惰性氧。位于没有共用的顶点处的 Si^{4+} 仅与 1 个 O^{2-} 结合，尚余 1 价可用来与其他阳离子结合，可称活性氧。

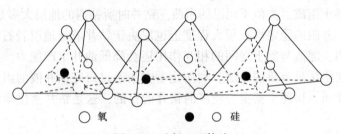

○ 氧　　　● ○ 硅

图 1-2　硅氧四面体片

硅氧四面体片可在平面上无限延伸，形成六方网格的连续结构（图 1-3），该结构中的六方网格内切圆直径约为 0.288nm，硅氧四面体片厚度约为 0.5nm。

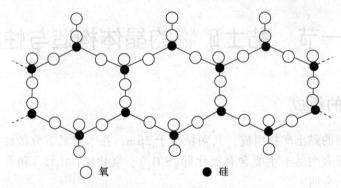

○ 氧　　　● 硅

图 1-3　硅氧四面体片的六方网格结构

2. 铝氧八面体与铝氧八面体片

Al^{3+} 是一个有空原子轨道的离子，可以作为络合物的中心离子与 6 个配位原子或配位体，例如 Al^{3+} 与 O^{2-} 和 $(OH)^-$ 形成络合物，属 sp^3d^2 杂化。其空间构型为正八面体。Al^{3+} 在中心，而 O^{2-} 或 $(OH)^-$ 在八面体的顶点，称之为铝氧八面体（图 1-4）。

同样，铝氧八面体片也是以共用氧的形式构成，铝氧八面体片有两个相互平行的氧（或羟基）面。铝氧八面体片中所有氧（或羟基）都分布在这两个平面上（图 1-5）。

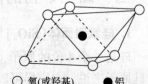

○ 氧（或羟基）　● 铝

图 1-4　铝氧八面体

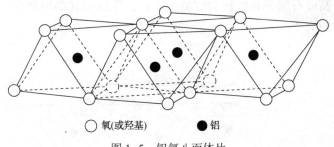

○ 氧(或羟基)　● 铝

图 1-5　铝氧八面体片

3. 基本结构层

黏土矿物的基本结构层(又称单位晶层)是由硅氧四面体片与铝氧八面体片按 1∶1 和 2∶1 的比例结合而成。

1∶1 层型基本结构层是由一个硅氧四面体片与一个铝氧八面体片结合而成,它是层状构造的硅铝酸盐黏土矿物最简单的晶体结构。在该基本结构层中,硅氧四面体片的顶氧构成铝氧八面体片的一部分,取代了铝氧八面体片的部分羟基。因此,1∶1 层型的基本结构中有 5 层原子面,即 1 层硅面、1 层铝面和 3 层氧(或羟基)面。高岭石的晶体结构就是由这种基本结构层构成的。

2∶1 层型基本结构层是由两个硅氧四面体片夹着一个铝氧八面体片结合而成。两个硅氧四面体片的顶氧分别取代了铝氧八面体片的两个氧(或羟基)面上部分羟基。因此,这种基本结构中有 7 层原子面,即一层铝面、两层硅面和四层氧(或羟基)面。蒙脱石的晶体结构是由这种基本结构层构成的。

黏土矿物分别由上述两种基本结构层堆叠而成。当两个基本结构层重复堆叠时,相邻基本结构层之间的空间称为层间域;基本结构层加上层间域称为黏土矿物的单位构造;存在于层间域中的物质称为层间物;若层间物为水时,则这种水称为层间水;若层间域中有阳离子,则这些阳离子称为层间阳离子。

三、常见的黏土矿物

1. 高岭石

高岭石的基本结构层是由一个硅氧四面体片和一个铝氧八面体片结合而成,属于 1∶1 层型黏土矿物。基本结构层沿层面(即直角坐标系的 a 轴和 b 轴)无限延伸,沿层面垂直方向(即直角坐标系的 c 轴)重复堆叠而构成高岭石黏土矿物晶体,其晶层间距约为 0.72nm (图 1-6)。在高岭石的结构中,晶层的一面全部由氧组成,另一面全部由羟基组成。晶层之间通过氢键紧密联结,水不易进入其中。高岭石有很少的晶格取代。所谓晶格取代是指硅氧四面体中的硅和铝氧八面体中的铝为其他原子(通常为低一价的金属原子)取代,例如,硅为铝取代,铝为镁取代等。

晶格取代的结果,使晶体的电价产生不平衡。为了平衡电价,需在晶体表面结合一定数量的阳离子。这些只是为了平衡电价而结合的阳离子是可以互相交换的,故称为可交换阳离子。由于高岭石很少晶格取代,所以它的晶体表面就只有很少的可交换阳离子。

黏土矿物中，高岭石属于非膨胀型的黏土矿物，原因是其晶层间存在氢键和晶体表面只有很少的可交换阳离子。

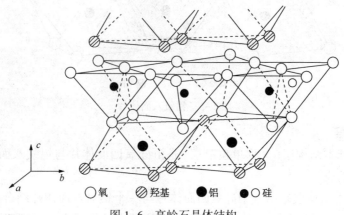

图 1-6　高岭石晶体结构

2. 蒙脱石

蒙脱石的基本结构层是由两个硅氧四面体片和一个铝氧八面体组成，其属于 2∶1 层型的黏土矿物。在这个基本结构层中，所有硅氧四面体的顶氧均指向铝氧八面体。硅氧四面体片与铝氧八面体片是通过共用氧联结在一起。基本结构层沿 a 轴和 b 轴方向无限延伸，沿 c 轴方向重复堆叠而构成蒙脱石黏土矿物晶体（图 1-7）。

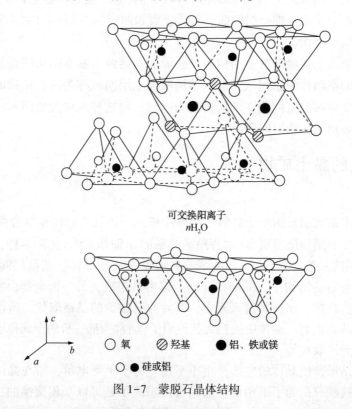

可交换阳离子
$n\mathrm{H_2O}$

图 1-7　蒙脱石晶体结构

在黏土矿物中，蒙脱石属膨胀型黏土矿物。这一方面是由于蒙脱石结构中，晶层的两面全部由氧组成，晶层间的作用力为分子间力（不存在氢键），联结松散，水易于进入其中；另一方面是由于蒙脱石有大量的晶格取代，在晶体表面结合了大量可交换阳离子，水进入晶层后，这些可交换阳离子在水中解离形成扩散双电层；使晶层表面带负电而互相排斥产生通常看到的黏土膨胀。由于蒙脱石的上述特性，所以它的层间距是可变的，一般为0.96~4.00nm。

蒙脱石的晶格取代主要发生在铝氧八面体片中，由铁或镁取代铝氧八面体中的铝，硅氧四面体中的硅很少被取代。晶格取代后，在晶体表面可结合各种可交换阳离子。当可交换阳离子主要为钠离子时，该蒙脱石称为钠蒙脱石；当可交换阳离子主要为钙离子时，该蒙脱石称为钙蒙脱石。此外，还有氢蒙脱石、锂蒙脱石等。

膨润土的主要成分是蒙脱石，它是一种重要的钻井液材料。一级膨润土主要为钠蒙脱石，称钠土；二级膨润土主要为钙蒙脱石，称钙土。它们可作为钻井液的悬浮剂和增黏剂。

3. 伊利石

伊利石的基本结构层与蒙脱石相似，也是由两个硅氧四面体片和一个铝氧八面体片组成，属于2:1层型黏土矿物（图1-8）。

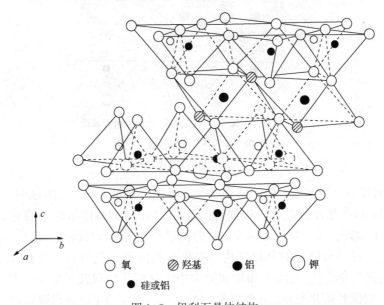

图1-8 伊利石晶体结构

伊利石与蒙脱石不同之处在于晶格取代主要发生在硅氧四面体片中，约有1/6的硅为铝所取代，晶格取代后，在晶体表面为平衡电价而结合的可交换阳离子主要为钾离子。由于钾离子存在于晶层之间，其直径（0.266nm）与硅氧四面体片中的六方网格结构内切圆直径（0.288nm）相近，使它易进入六方网格结构中而不易释出，因此晶层结合紧密，水不易进入其中，也就不易发生膨胀，故伊利石属非膨胀型黏土矿物。伊利石层间距较稳定，一般为1.0nm。

4. 绿泥石

绿泥石的基本结构层是由一层类似伊利石2:1层型的结构片与一层水镁石片组成(图1-9)。

绿泥石也属于2:1层型黏土矿物,不同于其他2:1层型黏土矿物的地方在于它的层间域为水镁石片所充填。水镁石片为八面体片,片中的镁为铝取代,使它带正电性,它可代替可交换阳离子补偿2:1层型结构中由于铝取代硅后所产生的不平衡电价。

由图1-9可知,绿泥石晶层间存在氢键,再加上水镁石对晶层的静电引力,使绿泥石的晶层结合紧密,水不易进入其中,因此,绿泥石也属非膨胀型的黏土矿物。绿泥石的层间距也比较稳定,一般为1.42nm。

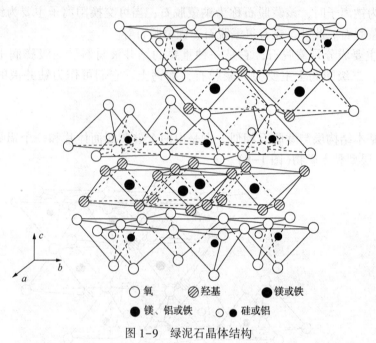

○ 氧　　◍ 羟基　　● 镁或铁
● 镁、铝或铁　　◐ 硅或铝

图1-9　绿泥石晶体结构

此外还有坡缕石和海泡石,属于链层状黏土矿物,不同于前面介绍过的层状黏土矿物。其晶体结构可按2:1层型的晶体结构理解,若将2:1层型晶体结构中的硅氧四面体每隔一定周期做180°翻转,并主要沿 a 轴方向延伸,就产生坡缕石与海泡石结构。图1-10及图1-11分别为坡缕石和海泡石的晶体结构。坡缕石和海泡石具有较高的热稳定性(加热到350℃晶体结构仍无变化),在淡水和饱和盐水中水化膨胀情况几乎完全一样(良好的抗盐性)。它们是配制深井钻井液和盐水钻井液的好材料,也常用于制备保温材料。

四、黏土矿物的性质

1. 带电性

从电泳现象证明黏土颗粒在水中通常带有负电荷,在电场作用下向正极移动。黏土所带电荷是使黏土具有一系列电化学性质的根本原因,同时对黏土的各种性质都产生影响。比如说黏土吸附阳离子的多少决定于其所带负电荷的多少。钻井液中各种处理剂对黏土的作用以及钻井液的稳定性都受黏土电荷的影响。

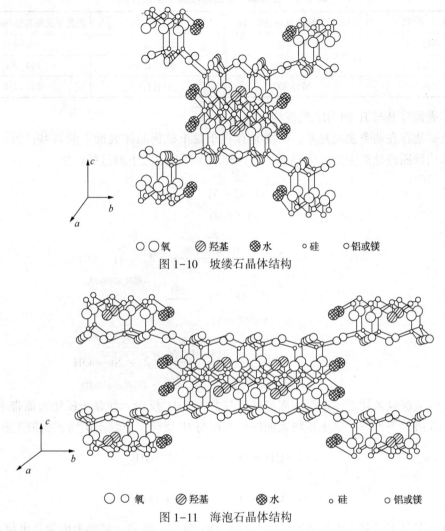

○○氧　　◎羟基　　◎水　　。硅　　○铝或镁

图 1-10　坡缕石晶体结构

○○氧　　◎羟基　　◎水　　。硅　　○铝或镁

图 1-11　海泡石晶体结构

黏土矿物表面的带电性是指黏土矿物表面在与水接触情况下的带电符号和带电量。黏土矿物表面的带电性有两个来源：

（1）可交换阳离子的解离

黏土矿物表面都有一定数量的可交换阳离子。当黏土矿物与水接触时，这些可交换阳离子就从黏土矿物表面解离下来，以扩散的方式排列在黏土矿物表面周围，形成扩散双电层，使黏土矿物表面带负电。因此，黏土矿物表面可交换阳离子的数量越多，表面所带的电量就越多，解离后表面的负电性越强。

黏土矿物表面的带电量可用阳离子交换容量（Cation Exchange Capacity，CEC）表示。阳离子交换容量是指 1kg 黏土矿物在 pH 值为 7 的条件下能被交换下来的阳离子总量（用一价阳离子物质的量表示）。单位用 $mmol \cdot kg^{-1}$ 表示。不同类型的黏土矿物有不同的阳离子交换容量。表 1-1 为各种黏土矿物的阳离子交换容量，从表中可以看出，蒙脱石的阳离子交换容量最大，高岭石的阳离子交换容量最小。

表 1-1　各种黏土矿物的阳离子交换容量

黏 土 矿 物	阳离子交换容量/mmol · kg^{-1}	黏 土 矿 物	阳离子交换容量/mmol · kg^{-1}
高岭石	30~150	绿泥石	100~400
蒙脱石	800~1500	坡缕石	100~200
伊利石	200~400	海泡石	200~450

（2）表面羟基与 H$^+$ 或 OH$^-$ 的反应

黏土矿物存在两类表面羟基：一类是存在于黏土矿物晶体表面上的羟基；另一类是在黏土矿物边缘断键处产生的表面羟基。后一类表面羟基通过下列过程产生：

$$Al{-}O{-}Al \xrightarrow{\text{断键}}$$
（铝氧八面体）

$$Al{-}O^- + Al{-} \xrightarrow[\text{H}^+\text{和OH}^-\text{结合}]{\text{与水中的}} 2\ Al{-}OH$$
（形成表面羟基）

$$Si{-}O{-}Si \xrightarrow{\text{断键}}$$
（硅氧四面体）

$$Si{-}O^- + Si{-} \xrightarrow[\text{H}^+\text{和OH}^-\text{结合}]{\text{与水中的}} 2\ Si{-}OH$$
（形成表面羟基）

在酸性或碱性条件下，这些表面羟基可与 H$^+$ 或 OH$^-$ 反应，使黏土矿物表面带不同符号的电性。在酸性条件下，黏土矿物表面的羟基可与 H$^+$ 反应，使黏土矿物表面带正电荷：

$$Al{-}OH + H^+ \longrightarrow Al{-}OH_2^+$$

$$Si{-}OH + H^+ \longrightarrow Si{-}OH_2^+$$

在碱性条件下，黏土矿物表面的羟基可与 OH$^-$ 反应，使黏土矿物表面带负电荷：

$$Al{-}OH + H^- \longrightarrow Al{-}O^- + H_2O$$

$$Si{-}OH + H^- \longrightarrow Si{-}O^- + H_2O$$

2. 吸附性

吸附性是指物质在黏土矿物表面浓集的性质。在研究黏土矿物表面吸附性时，黏土矿物称为吸附剂，而浓集在其上的物质则称为吸附质。吸附质在吸附剂表面的浓集称为吸附。根据作用力性质不同，黏土矿物表面的吸附分物理吸附和化学吸附两种。

（1）物理吸附

物理吸附是指吸附剂与吸附质之间通过分子间力而产生的吸附。由氢键产生的吸附也属于物理吸附。例如，非离子型表面活性剂（如聚氧乙烯烷基醇醚和聚氧乙烯烷基苯酚醚）和非离子型聚合物（如聚乙烯醇和聚丙烯酰胺）在黏土矿物表面上的吸附是既通过分子间力，也通过氢键而产生的吸附，所以都属物理吸附。

（2）化学吸附

化学吸附是指吸附剂与吸附质之间通过化学键而产生的吸附。例如，阳离子型表面活性剂（如十二烷基三甲基氯化铵）和阳离子型聚合物（如聚二烯丙基二甲基氯化铵）在水中解离后，其产生的阳离子均可与带负电的黏土矿物表面通过离子键的形成而吸附在黏土矿物表面。它们的吸附属于化学吸附。

3. 膨胀性

黏土矿物的膨胀性是指黏土矿物吸水后体积增大的特性。黏土的水化膨胀作用，是指黏土颗粒表面吸附水分子，在黏土表面形成水化膜，使黏土晶格层面间的距离增大，产生膨胀以至分散作用。它是影响水基钻井液性能和井壁稳定，油气层损害的主要因素。

目前，公认的黏土水化膨胀机理有两个，即表面水化和渗透水化。

（1）表面水化

表面水化是近程的黏土–水相互作用，大约在1nm范围内。它是黏土水化的第一阶段，是由于水在黏土表面的单分子层吸附所引起。这里的表面包括内表面和外表面，对膨胀性黏土晶层还包括晶层之间的表面。第一层水通过氢键连接到氧原子的交角网络中，第二层又通过氢键吸附到第一层上，以此类推，第三层、第四层……。这种键的作用力随着距表面的距离增加而减小。这种吸附水可持续到距表面7.5~10nm的距离。在距表面1nm（大约4层水分子）以内的水，其比体积小于自由水比体积3%（与冰的体积相比，冰的比体积比自由水的大8%），其黏度大于自由水的黏度。要除去这几层水分子需要200~400atm（1atm≈101.325kPa），可见黏土表面水化的压力很大。

（2）渗透水化

渗透水化是远程的黏土–水相互作用，大约1nm，是黏土水化膨胀的第一阶段由于黏土层间的阳离子浓度大于溶液中的阳离子浓度，水向黏土晶层间渗透所引起，使层间距增大。这种电解质浓度差引起的水化称为渗透水化。

这种黏土–水远程作用力主要是双电层斥力。随着水进入晶层间，原来吸附在黏土表面的阳离子便扩散在水中，形成扩散双电层，这样层面间就产生了双电层斥力。

渗透水化引起黏土体积急剧增大，比表面水化大得多。例如，每克钠蒙脱土在表面水化可吸附0.5g水，体积增加1倍；而在渗透水化中，每克钠蒙脱土可吸附10g水，使体积增加20倍。通常页岩里水的离子浓度大于泥浆中的离子浓度，钻开页岩时，泥浆中的水使页岩发生渗透水化，造成井塌现象。

黏土矿物的膨胀性有很大不同。根据晶体结构，黏土矿物可分为膨胀型黏土矿物和非膨胀型黏土矿物。

所有黏土矿物都吸附水，但蒙脱石的膨胀晶格比其他类黏土吸附的水多，所以关于黏土膨胀的研究主要集中于蒙脱石上。

蒙脱石属于膨胀型黏土矿物，它的膨胀性是由于它有大量的可交换阳离子所产生的。当它与水接触时，水可进入晶层内部，使可交换阳离子解离，在晶层表面建立了扩散双电层，从而产生负电性。晶层间负电性互相排斥，引起层间距加大，使蒙脱石表现出膨胀性。

高岭石、伊利石、绿泥石等属于非膨胀型黏土矿物，它们的膨胀性差有各自的原因，例如，高岭石是因为它只有少量的晶格取代，而层间存在氢键；伊利石是因为它的晶格取代主要发生在硅氧四面体片中，而且晶层间可交换阳离子为钾离子，同样可使晶层联结紧密；绿泥石是因为它的晶层存在氢键，并以水镁石代替，可交换阳离子平衡因晶格取代所产生的不平衡电价等。

4. 凝聚性

凝聚性是指一定条件下的黏土矿物颗粒(准确地说应为小片)在水中发生联结的性质。这里讲的一定条件，主要是指电解质(如氯化钠、氯化钙等)的一定浓度。在黏土-水体系中，黏土颗粒是怎么联结的呢? 我们已经知道，黏土矿物颗粒是呈片状带负电荷的细小颗粒，具有两种不同的表面即层面和边面，两种面上所带电荷正好相反，层面之间存在较强的静电斥力，使颗粒分离；而层面与边面的静电斥力又促使黏土颗粒联结。由于随电解质浓度的增加，黏土矿物颗粒表面的扩散双电层被压缩，边、面上的电性减小。当电解质超过一定浓度时，就可引起黏土矿物颗粒发生联结。

联结发生后，黏土矿物的联结体若能互相连接，遍布水的空间，则产生空间结构；若该联结体不能互相连接，则发生下沉。

黏土矿物颗粒有三种联结方式，即边边联结[图 1-12(a)]、边面联结[图 1-12(b)]和面面联结[图 1-12(c)]。这三种联结方式可以同时发生，也可以一种为主。从胶体化学的角度来说，这三种联结方式也可叫三种絮凝方式。

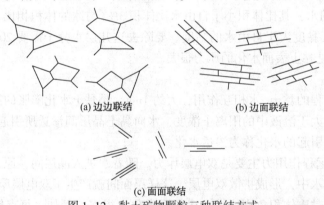

(a) 边边联结　　(b) 边面联结

(c) 面面联结

图 1-12　黏土矿物颗粒三种联结方式

第二节　钻井液的功能与组成

一、钻井液的功能

钻井液是油气钻井过程中以其多种功能而满足安全钻井作业需要的各种循环流体的总称。钻井液的循环是通过钻井液泵来维持的。钻井液池中的钻井液在钻井液泵的作用下经过地面管线、立柱、水龙带进入钻杆，然后通过钻头水眼喷向井底，再携带着被钻头破碎的岩屑从钻杆与地层(或套管)之间的环空上返至地面，在地面经振动筛等固控设备将岩屑除去后，返回钻井液池以循环使用。

钻井液工艺技术是油气钻井工程的重要组成部分，在钻井过程中，钻井液是确保安全、优质、快速钻井的关键，故人们常常把钻井液喻为"钻井的血液"，其基本功能如下：

（1）携带和悬浮岩屑

钻井液首要的和最基本的功用是通过其本身的循环，将井底被钻头破碎的岩屑携至地面，以保持井眼清洁，使起下钻畅通无阻，并保证钻头在井底始终接触和破碎新地层，不造成重复切削，保持安全快速钻进。在接单根、起下钻或因故停止上循环时，钻井液又将井内的钻屑悬浮在钻井液中，使钻屑不会很快下沉，防止沉砂卡钻等情况的发生。

（2）稳定井壁和平衡地层压力

井壁稳定、井眼规则是实现安全、优质、快速钻井的基本条件。性能良好的钻井液应能借助于液相的滤失作用，在井壁上形成一层薄而韧的滤饼，以稳固已钻开的地层并阻止液相侵入地层，降低泥页岩水化膨胀和分散的程度。与此同时，在钻进过程中需通过不断调节钻井液密度，使液柱压力能够平衡地层压力，从而防止井塌和井喷（或井涌）等井下复杂情况的发生。

（3）冷却和润滑钻头、钻具

在钻进中钻头一直在高温下旋转并破碎岩层，产生很多热量，同时钻具也不断地与井壁摩擦而产生热量。正是通过钻井液不断地循环作用，将这些热量及时吸收，然后带到地面释放，从而起到冷却钻头、钻具，延长其使用寿命的作用。钻井液的存在使钻头和钻具均在液体内旋转，在很大程度上降低了摩擦阻力，起到了很好的润滑作用。

（4）传递水动力

钻井液在钻头喷嘴处以极高的流速冲击井底，从而提高了破岩效率和钻井速度。高压喷射钻井正是利用了这一原理，即采用高泵压钻进，使钻井液所形成的高速射流对井底产生强大的冲击力，从而显著提高钻速。在使用涡轮钻具钻进时，钻井液在钻杆内以较高流速流经涡轮叶片，使涡轮旋转并带动钻头破碎岩石。

（5）获取井下信息

钻井液携带至地面的岩屑，可以反映钻遇岩层的性质，帮助判断地层层位。通过对钻井液的表象的观察，可以发现油气显示，帮助分析是否钻遇油气层。钻井的目的是探明地层情况和开采油气。因此，钻井液还应尽量不伤害产层渗透率，不降低油气井产量，并有利于获得良好的砂样、岩芯和电测资料。同时要求钻井液具有良好的抗温、抗盐、抗钙镁能力。

二、钻井液的组成

钻井液属胶质-悬浮体系，主要由分散相、分散介质和钻井液处理剂组成。

钻井液的分散相颗粒直径大小不一，多数在悬浮体范围（>0.1μm）内，少数在溶胶范围（1~100nm），具有明显的多级分散特征，其分散介质可以是水、油或烃类物质、气体等。

钻井液处理剂主要用于调整钻井液的各种性能，以满足钻井工艺的各种需要。钻井液处理剂按元素组成可分为无机钻井液处理剂（包括无机的酸、碱、盐和氧化物等）和有机钻井液处理剂（如表面活性剂和和高分子等）；若按用途则可分为下列15类，即钻井液pH值控制剂、钻井液降滤失剂、钻井液降黏剂、钻井液增黏剂、钻井液絮凝剂、钻井液润滑剂、页岩控制剂(又称为防塌剂)、解卡剂、钻井液除钙剂、钻井液起泡剂、钻井液乳化剂、钻井液缓蚀剂、温度稳定剂、密度调整材料和堵漏材料。其中最后两类之所以称为材料是因为它们的用量较大,一般超过5%(质量分数)。

第三节　钻井液处理剂

钻井液性能要满足安全快速钻井的需要,不可能没有处理剂,钻井液能否达到有效的维护和处理与处理剂性能密切相关,可见处理剂是钻井过程中保证钻井液性能稳定、满足复杂条件下钻井需要的根本保障。处理剂的性能、质量和处理剂的水平以及处理剂的选择与使用均是保证钻井液性能的关键,从这一点上可以说处理剂的质量和水平决定着钻井液的水平。

要使钻井液能满足不同地层的要求,需要在钻井液中加入各种化学处理剂,而且钻遇不同地层和不同深度所需要的化学处理剂不尽相同。随着钻井工艺向高速优质、超深井、定向井、大位移井、海洋和复杂地层发展,钻井液体系和化学处理剂的种类也在不断地增加和更新。我国使用的钻井液处理剂已接近300种,按其在钻井液中所起的作用不同,可分为15类。本节只讨论一些常用且重要的钻井液处理剂。

一、加重剂

单位体积钻井液的质量称为钻井液密度。钻井液密度是确保安全、快速钻井和保护油气层的一个十分重要的参数,如果密度过高,将引起钻井液过度增稠、易漏失(容易压漏地层)、钻速下降、对油气层损害加剧和钻井液成本增加等一系列问题;而密度过低,则容易发生井涌甚至井喷,还会造成井塌、井径缩小和携岩能力下降。

钻井液密度的调整包括降低钻井液密度和提高钻井液密度。

可用加水、混油或充气的方法降低钻井液密度,因为水、油和气体的密度都低于钻井液密度,也可用机械或化学凝聚的方法清除钻井液中的无用固体来降低钻井液密度。对于提高钻井液密度可用加入高密度材料也就是加重剂的方法提高钻井液密度。

作为加重剂的高密度的材料有两类,一类是高密度的不溶性矿物或矿石(表1-2)的粉末。这些粉末可悬浮在黏土矿物颗粒形成的空间网架结构中,提高钻井液密度。由于重晶石来源广、成本低,所以它成为目前使用最多的高密度材料。另一类是高密度的水溶性盐(表1-3),这些盐可溶于钻井液中提高钻井液密度,由于盐对钻井设备有腐蚀,因此在使用时必须加入缓蚀剂,防止盐对钻井设备的腐蚀。

表1-2　高密度的不溶性矿物或矿石

名　称	主要成分	密度/g·cm^{-3}
石灰石	$CaCO_3$	2.7~2.9
重晶石	$BaSO_4$	4.2~4.6

名 称	主要成分	密度/g·cm^{-3}
菱铁矿	$FeCO_3$	3.6~4.0
钛铁矿	$TiO_2 \cdot Fe_3O_4$	4.7~5.0
磁铁矿	Fe_3O_4	4.9~5.2
黄铁矿	FeS_2	4.9~5.2

表 1-3 高密度的水溶性盐

水溶性盐	盐的密度/g·cm^{-3}	饱和水溶液密度/g·cm^{-3}
KCl	1.398	1.16(20℃)
NaCl	2.17	1.20(20℃)
CaCl$_2$	2.15	1.40(60℃)
CaBr$_2$	2.29	1.80(10℃)
ZnBr$_2$	4.22	2.30(40℃)

加重剂用量的计算如下。设钻井液在加入加重剂前后的密度分别为 ρ_1、ρ_2，加重剂的用量为 W：

$$W = V_{钻} \rho_{加} \frac{\rho_2 - \rho_1}{\rho_{加} - \rho_2}$$

式中 $V_{钻}$——钻井液的体积(加入之前)，m^3；

$\rho_{加}$——加重剂的密度，t·m^{-3}；

W——加重剂的用量，t。

例如，1m^3 密度为 1.30t·m^{-3} 的钻井液，加入重晶石(密度为 4.2t·m^{-3})使密度增加到 1.80t·m^{-3}，需加入重晶石多少吨？

$$W = 1 \times 4.20 \times \frac{1.80 - 1.30}{4.20 - 1.80} = 0.909(t)$$

所以 1m^3 钻井液需加入 909kg 重晶石，其密度从 1.30t·m^{-3} 增加到 1.80t·m^{-3}。

常用的加重剂有：

(1) 重晶石(硫酸钡，$BaSO_4$)

纯物质为白色粉末，含有杂质时带有灰色或绿色。相对分子质量为 233.40，不溶于水、有机溶剂、酸和碱的溶液，密度为 4.2~4.6g·cm^{-3}，现场使用的重晶石密度一般为 3.9~4.2g·cm^{-3}。

重晶石是钻井中最常用的加重剂，能迅速提高钻井液密度。

(2) 石灰石(碳酸钙，$CaCO_3$)

纯物质为白色结晶粉末，含有杂质时呈灰色或浅黄色。相对分子质量为 100.09，不溶于水，但能溶于盐酸，密度为 2.7~2.9g·cm^{-3}。

石灰石也是钻井中最常用的加重剂，其优点是在钻井时不会堵死油气层，因为油气层酸化时石灰石被溶解。由于密度比较小，要使钻井液密度提高到 1.5 以上加入量很大，会加大钻井液的固相含量，使钻井液的流动性减小，因此石灰石不能用于高压地层的钻井。

二、降黏剂

钻井液降黏剂是指能降低钻井液黏度和切力的油气田化学添加剂，也称稀释剂。无论从使用的必要性还是从使用的数量看，钻井液降黏剂都是钻井液的重要添加剂。

配制钻井液的黏土颗粒在钻井液中形成片架结构以及其他各种因素造成的污染往往会引起钻井液的稠化，使钻井液的黏度和切力增高。对于深井和高温井，钻井液增稠引起的问题尤为突出。控制钻井液增稠的手段除控制固相含量外，主要是添加稀释剂降黏。

1. 钻井液稠化的原因

钻井液中固相含量偏高及黏土颗粒形成片架结构是水基钻井液增稠的主要原因。配制钻井液用的黏土属片状晶体颗粒。由于晶格取代作用，黏土颗粒表面带定量负电荷；又因断键的缘故，黏土颗粒端面局部带正电荷，从而为黏土颗粒间以端-表面形成"卡片"房子结构(片架结构)创造了条件。当钻井液受到地层中无机电解质及其溶液的侵污时，由于表面双电层受到压缩，颗粒表面水化层变薄，从而使黏土颗粒间端-端、端-面等静电吸力相对增大，有利于钻井液中空间网状结构的形成。这种网状结构中包裹大量的自由水，这些被包裹的自由水失去了流动性，只能随着黏土颗粒的网状结构一起运动。这种网状结构引起的结果是自由水大量减少，使钻井液稠化，具体表现为切力增大，黏度增高，流动困难表现为切力增大、黏度增高、流动困难，工艺上出现泵压升高或憋泵、钻具运动阻力增大等(图1-13)。

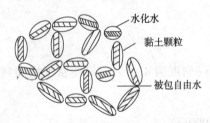

图1-13 黏土颗粒形成的空间网状结构

当钻井液固相含量增高，特别是膨润土含量增高时，由于颗粒间距离缩短，有利于钻井液"网状"结构的形成，容易引起黏度和切力的过度增高。

在含有聚合物的钻井液中，由于聚合物长链分子与黏土颗粒作用，或聚合物分子间的相互作用，也可形成空间网状结构，从而引起钻井液黏度和切力增大。

2. 降黏剂作用原理

降黏剂在钻井液中的作用主要是拆散或削弱黏土颗粒间或黏土颗粒与聚合物间形成的空间网状结构。对于分散型黏土钻井液，如单宁酸碱液(含五倍子酸钠)等常用的降黏剂主要通过其相邻酚羟基与片状黏土颗粒边上断键处的Al^{3+}以螯合键发生吸附，而剩余的羟基与羧基使黏土颗粒边缘形成水化层(图1-14)，结果是拆散和削弱了钻井液中黏土颗粒间形成的网状结构，释放出包裹的自由水，同时也减小了黏土颗粒运动时相互之间的摩擦，从而起到稀释作用。

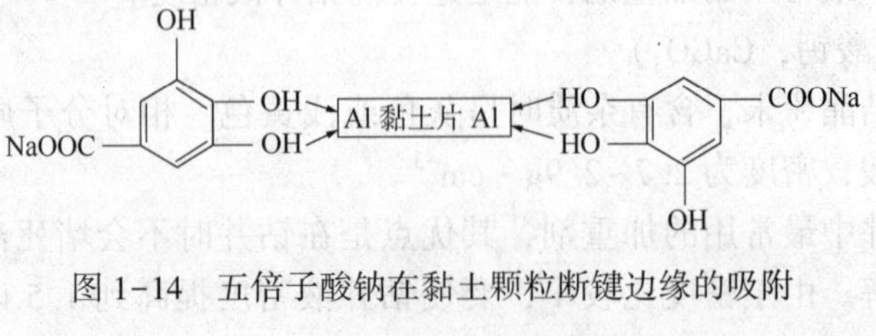

图1-14 五倍子酸钠在黏土颗粒断键边缘的吸附

对于聚合物钻井液，聚合物分子与黏土颗粒的相互作用及聚合物分子之间的相互作用形成了空间网状结构，引起聚合物钻井液的稠化。磺化苯乙烯-顺丁烯二酸酐共聚物（SSMA）是用于聚合物钻井液的有效降黏剂。SSMA 对水解聚丙烯酰胺/膨润土钻井液的稀释作用包括两方面：一是 SSMA 在黏土颗粒边缘上吸附，拆散网状结构；二是 SSMA 与体系中的水解聚丙烯酰胺形成聚合物络合物，减少聚丙烯酰胺在黏土颗粒上的吸附架桥作用以及溶液中水解聚丙烯酰胺分子之间的相互作用，使钻井液的结构黏度及液相黏度均下降而发挥稀释作用。

3. 常用降黏剂

为控制钻井液黏度，早在 20 世纪 30 年代末就开始使用聚磷酸盐降黏剂，在常温和低温下它们具有较好的稀释效果，但在约 65℃它们就开始分解失效。40 年代单宁（Tannins）被广泛地用作钻井液降黏剂，但也仅适用于中深井。50 年代开始使用单宁和木质素磺酸钙处理的石灰钻井液，以及铁铬木质素磺酸盐处理的石膏钻井液，但它们分别出现高温固化和高温稠化问题。从 60 年代起，钻高温井使用的降黏剂主要是铬木质素磺酸盐和铁铬木质素磺酸盐，它们比聚磷酸盐和单宁有高得多的热稳定性，但在高温下也减效。80 年代初美国开发了 SSMA 降黏剂，其热稳定性非常好。近年来美国使用的合成聚合物降黏剂，多为具有不同磺化度的乙烯型聚合物。这类聚合物降黏剂既抗盐、抗污染，又有很好的稀释和降滤失效果。

（1）单宁

单宁，是 Tannins 的译音，即植物单宁（vegetable tannins），又名鞣质或植物鞣质，是含于植物体内的能将生皮鞣制成皮革的多元酚衍生物，属于弱有机酸，在 pH<5 时以沉淀形式析出。

植物体内的单宁，通常是由不同的或相似的多种多元酚衍生物组成的复杂混合物。在很多植物的不同部分的细胞中都含有单宁类化合物。由于含单宁的植物种类不同，植物单宁可以储存在皮部、木质部、叶、根部和果实中。我国植物资源丰富，含单宁的植物较多。四川、湖南、广西一带盛产五倍子单宁。四川、云南、陕西、河南一带盛产橡碗栲胶。栲胶（regetable tannin extract）是用以单宁为主要成分的植物性物料提取制成的浓缩产品。用含单宁丰富的木材、树皮或果壳等作原料，经浸提、浓缩等过程研制成的栲胶，为棕黄到棕褐色的固体（粉状、粒状或块状）或浆状体，是由许多不同物质组成的复杂的混合物，其中主要的、有效的成分是单宁。

天然的植物单宁一般为有色的非晶形固体，能溶于水，也部分地溶于丙酮、乙酸乙酯、甲醇、乙醇等有机溶剂，但不溶于乙醚、石油醚、氯仿、二硫化碳、苯等溶剂，其水溶液呈酸性，味苦涩，有收敛性。单宁易吸潮结块，易受光的作用，宜存放在阴凉干燥处。它在碱溶液内易氧化而颜色变深，与明胶、生物碱作用会产生沉淀，遇三价铁离子呈有色（蓝色或绿色）反应。单宁溶液呈胶体化学性质。

单宁具有酚类物质的通性，如铁盐颜色反应、碱性条件下的氧化、易起芳环亲电取代反应、与重氮盐或醛类相偶联等。这些化学反应是对单宁进行改性的基础。单宁分子在水中有缔合现象，使相对分子质量增加。且缔合程度随其在溶液中浓度的增大而增加；在 1% 的水溶液中其相对分子质量为 2500（±125），相当于二聚物；在 10% 及 20% 的水溶液中其相对分子质量各为 4016 及 5450；在丙酮溶液中以单体形式存在。

由不同植物得来的单宁，其化学组成不尽相同。我国四川、湖南、广西等地盛产的五倍子单宁是五倍子酸葡萄糖的酯式缩合物，其分子式可简写成 $5(C_{14}H_9O_9) \cdot C_6H_7O$，结构式如下：

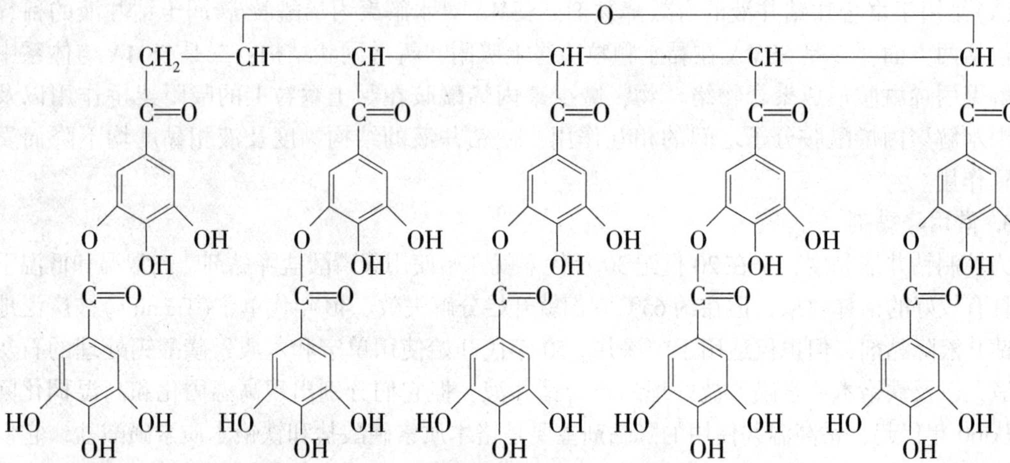

五倍子单宁是从五倍子中浸提制取的。五倍子是一种称作盐肤木树的叶子轴被蚜虫刺伤后生成的虫瘿，其中含有 50%~70% 的单宁。五倍子经过除虫和研碎后，在水中煮沸，即可将单宁提取出来，经过提纯和干燥，得到工业用单宁。

五倍子单宁在水中可逐步水解，生成双五倍子酸、五倍子酸和葡萄糖。反应如下：

$$5(C_{14}H_9O_9) \cdot C_6H_7O + 5H_2O \longrightarrow 5C_{14}H_{10}O_9 + C_6H_{12}O_6$$
　　（五倍子单宁）　　　　　　　　　　（双五倍子酸）

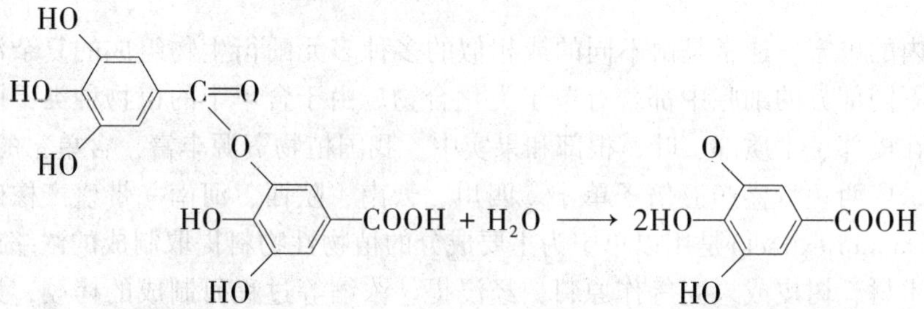

（双五倍子酸）　　　　　　　　　　（五倍子酸）

在氢氧化钠溶液中，五倍子单宁的水解产物是双五倍子酸钠和五倍子酸钠，这两种钠盐对钻井液都有稀释作用。在氢氧化钠浓度高时，两种钠盐的酚羟基亦可变成酚钠盐。它们主要是通过相邻的酚羟基与黏土颗粒表面断键处的铝离子发生吸附，而羧基的负电性和水化作用使黏土颗粒表面负电性增强，水化层增厚。结果可拆散或削弱网状结构，使钻井液黏度和切力降低。

实际上，现场应用时，都将单宁配成单宁碱液，单宁和氢氧化钠的质量比为 2:1 或 1:1 或 1:20。单宁碱液的优点是价格便宜，原料易得；缺点是耐盐性和耐温性都较差，遇到高浓度盐侵时，会发生盐析或沉淀，稀释作用明显减效。

（2）栲胶碱液

栲胶是由橡宛、红柳根或落叶松树皮加工制成，含单宁 48%~70%，与烧碱配成栲胶碱液后，其中起稀释作用的主要成分仍是单宁酸钠。栲胶与烧碱的比例为 1:1、2:1、3:1

或 4：1。栲胶与单宁的作用相同，差别在于栲胶含糖较多，在温度较高时易发酵，引起钻井液发泡，性能变坏，故栲胶碱液只适合用于浅井和中深井。

（3）磺甲基单宁

在碱性(pH＝9～10)条件下，五倍子酸钠和甲醛与亚硫酸氢钠进行磺甲基化反应制得磺甲基单宁(SMT)：

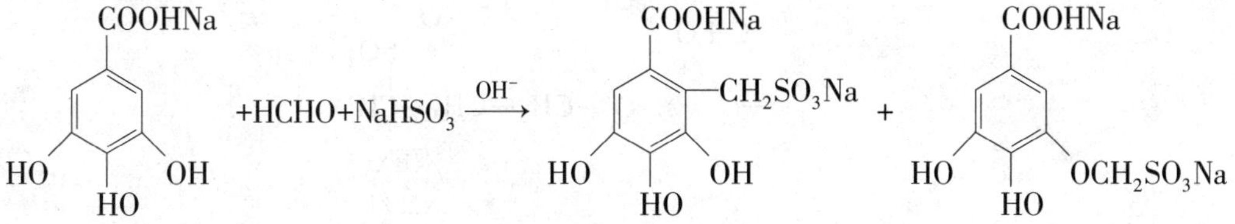

（磺甲基单宁）

磺甲基单宁进一步与重铬酸盐作用，经氧化与螯合反应可得到磺甲基单宁铬螯合物，稀释作用更好。磺甲基单宁铬螯合物的主要特点是热稳定性能好，在 180～200℃ 的高温井中能有效地控制淡水钻井液的黏度，适用于高温深井。

磺甲基单宁适用的 pH 值范围在 9～11 之间，在钻井液中一般加入 0.5%～1.0% 的磺甲基单宁就可获得较好的稀释效果。它的抗盐性较差，抗钙可达 $1000mg \cdot L^{-1}$，但含盐量超过 1% 时稀释效果大幅度下降。

（4）铁铬木质素磺酸盐

木质素广泛地存在于各种植物中，是构成植物骨架的主要成分之一，在数量上仅次于纤维素。木质素是一种结构极其复杂的无定形高分子化合物，主要由碳、氢、氧三种元素组成。各种元素的含量随原料品种和分离方法不同而略有不同。一般含碳量高达 60%～66%，而含氢量仅为 5.0%～6.5%，显示出木质素的芳香族物质特性。木质素具有的紫外吸收光谱和较高的折射率也表明它属于芳香族化合物。木质素的基本结构单元是带正丙基侧链的苯环碳骨架，苯环上含有羟基和甲氧基，正丙基，侧链上也含有羟基。

铁铬木质素磺酸盐(FCLS)简称铁铬盐，是由含有大量木质素磺酸盐的亚硫酸纸浆废液经过发酵并浓缩成黑褐色液体，在 70～80℃ 下与硫酸亚铁和重铬酸盐反应而制得液状铁铬盐。将液状铁铬盐过滤除去硫酸钙沉淀，再喷雾干燥，即得铁铬盐干粉。

由于木质素的结构相当复杂，至今尚未完全弄清楚，因此铁铬盐的结构也不十分清楚。目前提出的结构片段有两种，一种认为在铁铬盐分子中，铁、铬离子先生成多核羟桥配位离子，然后再与木质素磺酸盐作用形成铁铬盐，其结构片段如下：

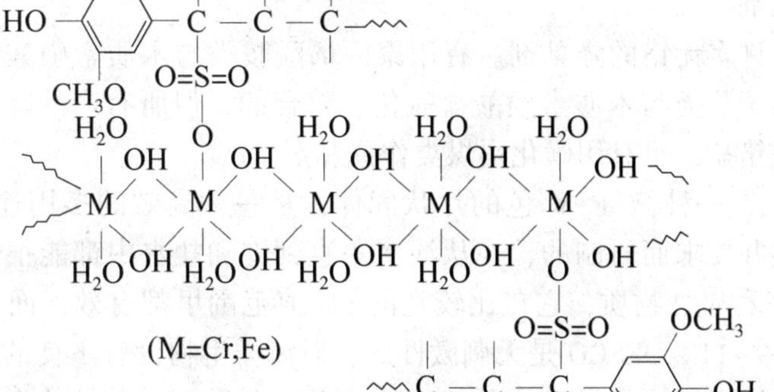

（M＝Cr,Fe）

另一种认为，铁铬盐中的铁、铬离子与木质素磺酸盐中的磺酸基以及醚键或甲氧基形成多元环状配位结构，其结构片段如下：

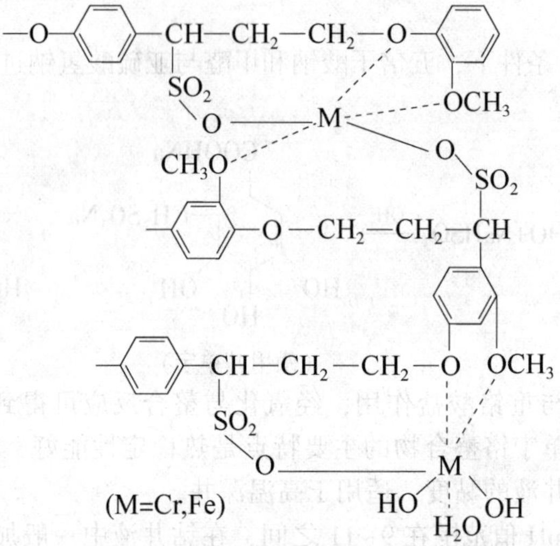

(M=Cr,Fe)

在铁铬盐分子中，铁、铬离子与木质素磺酸形成稳定的五元和六元螯合物，使其具有较强的抗盐、抗钙能力，适用于淡水、海水、饱和盐水钻井液及各种钙处理钻井液。由于其分子中含有磺酸基，磺酸基与铁或铬离子形成螯合环，因此铁铬盐的热稳定性很高，可抗150℃以上高温。

铁铬盐的稀释作用表现为两方面：一是吸附在黏土颗粒的断键边缘上形成吸附水化层，削弱或拆散片架结构，使钻井液黏度、切力显著降低；二是铁铬盐分子在泥岩、页岩上的吸附有抑制其水化膨胀和分散的作用，既有利于井壁稳定，又可防止泥岩、页岩造浆引起钻井液黏度和切力的上升。

铁铬盐在130℃时发生减效，加入少量重铬酸盐可恢复其稀释作用，其热稳定性可提高到177℃，随后铁铬盐发生不可逆降解。铁铬盐在钻井液中加量>3%时，有显著的抑制黏土水化膨胀作用。铁铬盐钻井液的泥饼摩擦系数较高，应与润滑剂配合使用。此外，铁铬盐易使钻井液发泡，需加入适当的消泡剂。

铁铬盐是一种抗温、抗盐、抗钙镁性能较好的稀释剂，但因其分子中含有重金属铬，在制备和使用过程中易对环境造成污染，近年来使用受到限制。目前国内外都在致力于研制无铬木质素稀释剂。

（5）无铬降黏剂

近年来研制了许多无铬的降黏剂。有用聚丙烯酰胺类与木质素磺酸盐接枝共聚，也有用其他高价金属离子盐类与木质素磺酸盐氧化、螯合的，但所有产品降黏、抗盐、抗钙和抗温性能都不如铁铬盐，也有用磺化褐煤类作降黏剂。

① DESCO 其是一种微红-棕色的片状固体，是一种高效的多用途的钻井液稀释剂，是为了满足深井钻井要求而研制的，在从淡水一直到饱和盐水中都能很快溶解，不必使用烧碱。DESCO 是一种碱性物质，它在比较宽的 pH 值范围里都有效，而对于控制流变性比较理想的 pH 值是 9~11。DESCO 是无刺激性的，对海洋生物没有不良的影响。它的热稳定使它成为高温钻井液极好的稀释剂。用 DESCO 稀释的钻井液，其性能在要求的温度下老化

后常常是有所改善的。

DESCO 在现场钻井液中的性能优于实验室内的数据。因为 DESCO 是一种除氧剂，它降低了钻井液的腐蚀作用。它可与所有普通使用的有机的钻井液添加剂配合使用。例如，DESCO 可与 Drispac、Soltex、褐煤及木质素磺酸盐一起使用。DESCO 是一种多用途的钻井液调节剂，适用于所有的水基钻井液。在淡水钻井液中作为分散剂的效力是目前所用的其他稀释剂的 3 倍有余。

② 复合钛铁木质素磺酸盐（CT3-4、CT3-5）　以木质素磺酸盐为主要原料，用无毒高价金属离子钛、铁和铝等与木质素磺酸盐经置换反应、氧化反应、中和反应生成含有稳定内络合物的 CT3-4 和 CT3-5。适用于 100~150℃，降黏效果与 FCLS 相当或略优；处理费用与 FCLS 接近，能与其他药剂配伍。该降黏剂可以在中深井中取代目前国内常用的铁铬木质素磺酸盐降黏剂，改善对环境的影响。具有理想的降黏、降切作用，对改善钻井液流动性、保证快速、安全钻井发挥了重要作用而深受钻井现场的重视。

③ 有机硅降黏剂　主要是利用有机硅生产过程中的下脚料与腐殖酸钾或木质素磺酸盐在一定温度、碱性环境及催化剂作用下制备的缩聚产物。它既具有有机硅的强抑制性和高温稳定性、良好的润滑性，又具有腐殖酸类、木质素磺酸盐类处理剂的降黏、降失水作用。这类产品不仅抗温降黏能力强且抑制性也很好。与硅稳定剂复配使用时其降黏效果更好。硅稳定剂是由有机硅和低相对分子质量有机化合物制取的液态产品，用于改善泥饼质量，并具有明显的抑制能力和降黏效果。

有机硅的主要成分为 $(CH_3)_2Si(OH)_2$ 或 $(CH_3)Si(OH)_3$ 水解后缩合物。有机硅分子中的 Si—OH 键容易与黏土上的 Si—OH 键缩聚成 Si—O—Si 键，形成牢固的化学吸附，可在黏土表面上形成一层甲基朝外的吸附层，使黏土由亲水表面反转为亲油表面，阻止或减缓了黏土表面和层间的水化作用；同样也减弱了钻井液中黏土颗粒间的相互作用力，削弱了网架结构。因此有机硅不仅具有较好的抑制泥页岩水化能力，而且也具有较好的钻井液降黏能力和润滑性能。辽河油田、大港油田和江苏油田等都使用了有机硅类降黏剂。可与硅酸盐、聚合物等一起使用，抗温能力可达 200℃ 以上，但抗盐、抗钙能力差。

（6）聚合物降黏剂

聚合物降黏剂适用于低固相或无固相聚合物钻井液。常规分散性降黏剂虽能有效地降低钻井液的动切力，但不能使塑性黏度降低，结果导致钻井液的动塑比减小，剪切稀释性变差，并大大削弱了钻井液抑制岩屑分散的能力。近年来开发的聚合物降黏剂不仅能同时降低钻井液的动切力和塑性黏度，还能增强钻井液抑制泥岩、页岩水化造浆能力。比较重要的聚合物降黏剂包括：

① 聚丙烯酸钠。聚丙烯酸钠的商品代号为 X-A40，其平均相对分子质量为 5000 左右，在钻井液中的加入量为 0.3% 时，可抗 0.2% 硫酸钙和 1% 的氯化钠，并可抗 150℃ 的高温。

② 丙烯酸钠和丙烯磺酸钠共聚物，其结构式为

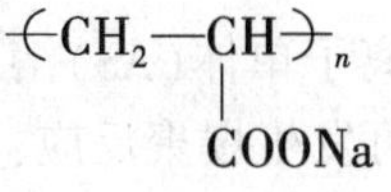

$$\begin{array}{cc} \{CH_2-CH\}_n & \{CH_2-CH\}_m\{CH_2-CH\}_n \\ | & | \quad\quad | \\ COONa & CH_2SO_3Na \quad COONa \end{array}$$

　　　（聚丙烯酸钠） 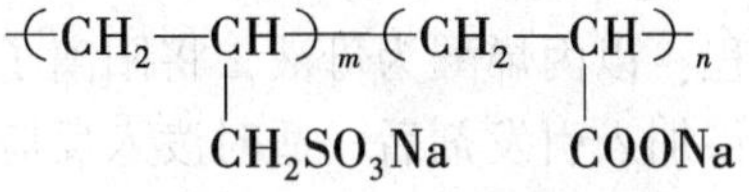　　　　　　（丙烯磺酸钠—丙烯酸钠共聚物）

丙烯酸钠和丙烯磺酸钠共聚物的商品代号为 X-B40，其平均相对分子质量为 2340。由

于其分子中引入了磺酸基，故抗温性、抗盐和抗钙能力均优于 X-A40。

③ 丙烯酸钠与(2-甲基-2-丙烯酰胺基)丙磺酸钠共聚物，其结构式为

$$\begin{array}{c} +CH_2-CH)_m(CH_2-CH)_n \\ | \qquad\qquad | \\ COONa \qquad CONH-\overset{\displaystyle CH_3}{\underset{\displaystyle CH_3}{C}}-CH_2SO_3Na \end{array}$$

（丙烯酸钠-2-丙烯酰胺基-2-甲基-丙磺酸钠共聚物）

丙烯酸钠与(2-甲基-2-丙烯酰胺基)丙磺酸钠共聚物的商品代号为 CPD，其平均相对分子质量小于 5000，抗温极限可达到 $260℃$，钙离子浓度高达 $1800mg \cdot L^{-1}$。时，它所处理的钻井液仍有良好的流动性。

④ 磺化苯乙烯顺酐共聚物，其结构式为

$$+CH_2-CH)_m(CH——CH)_m$$
$$COONa \quad COONa$$
$$SO_3Na$$

（磺化苯乙烯-顺丁烯二酸酐共聚物）

磺化苯乙烯顺酐共聚物的商品代号为 SSMA，它是由苯乙烯和顺酐共聚后经磺化和水解得到的产物。其相对分子质量为 1000~5000，可抗 400℃以上的高温，不污染环境，是一种极有发展前景的降黏剂，特别适合于深井钻井液。

⑤ 复合离子(两性离子)降黏剂(XY-27)。钻井用两性离子聚合物 XY-27，是由丙烯酸(AA)、阳离子单体、阴离子单体(AS)在氧化还原引发剂作用下，通过共聚反应制得。XY-27 是 20 世纪 90 年代初研究并广泛应用的复合离子型低分子水溶性聚合物。

主要特点：有较高的降黏切作用，并有很好的抑制页岩膨胀能力，能有效地降低钻头水眼黏度，对稳定井壁、防止地层污染、提高钻井速度有明显效果。对于分散钻井液体系和聚合物钻井液体系的适应性很强，是抑制型低固相不分散钻井液的理想降黏剂。

在常规聚合物钻井液中，阴离子型聚合物降黏剂一方面由于其相对分子质量低，通过与黏土粒子表面氢键吸附优先吸附在黏土颗粒上，顶替掉原已吸附在黏土颗粒上的大分子主体聚合物，从而拆散了聚合物与黏土网状结构；另一方面，小相对分子质量的降黏剂与主体聚合物大分子间的交联作用，阻碍了聚合物与黏土间网状结构的形成，从而实现降黏作用。对两性离子型聚合物降黏剂 XY-27 来说，它的分子链中引入了阳离子和非离子基团，使其在与黏土颗粒间的相互作用中增加了阳离子基团与黏土的静电吸附，故 XY-27 能比高分子聚合物在黏土颗粒上更快更牢地吸附。而且 XY-27 的特有结构致使与大分子之间的交联或络合机会增加，再加之分子链中拥有大量水化基团，从而两性离子聚合物降黏剂 XY-27 的降黏效果优于阴离子型聚合物。

生产工艺过程：以丙烯酸为母液，将阳离子单体和阴离子单体(AS)溶于丙烯酸中，加入适量阻聚剂，待加入引发剂后，适时泼入反应平台上即可发生爆聚反应，反应时间为 1~2min。爆聚反应是强放热反应，反应瞬间完成，同时放出大量的热，使反应生成的水分迅速汽化为水蒸气。水蒸气蒸发过程，既是反应过程亦是产品干燥过程，反应后产物含水率

均小于5%，经粉碎即为成品XY-27。

⑥磺苯乙烯衣康酸共聚物(SHIA)。苯乙烯衣康酸共聚物以 N,N-甲基甲酰胺为溶剂，在衣康酸与苯乙烯物质的量比 1∶1.2、偶氮二异丁腈用量0.6%、共聚反应温度90℃、反应时间5h等条件下共聚得到。若将该共聚物与过量20%的发烟硫酸进行磺化反应2h，则可得到降黏剂磺化苯乙烯衣康酸共聚物(SSHIA)。在淡水钻井液中加入0.3% SSHIA，降黏率可达54%；且在260℃老化16h后，降黏率仍达44%。

三、降滤失剂

在钻井过程中，由于压差的作用，钻井液中的水分不可避免地通过井壁滤失到地层中，造成钻井液失水。随着水分进入地层，钻井液中的黏土颗粒便附着在井壁上形成滤饼，造成一个滤饼井壁。由于滤饼井壁比原来的井壁致密得多，它一方面阻止了钻井液的进一步失水，另一方面起到了保护井壁的作用。但是在滤饼井壁形成的过程中，滤失的水分过多、滤饼过厚或细黏土颗粒随水分进入地层等都会影响正常钻井，并对地层造成伤害。

1. 钻井液的滤失

在钻井的过程中钻井液的滤失是必然的，通过滤失可形成滤饼保护井壁。但是钻井液滤失量过大，易引起泥岩、页岩膨胀和坍塌，造成井壁不稳定。此外，滤失量增大的同时滤饼增厚，其危害是使井径缩小，给旋转的钻具造成较大的扭矩，起下钻时引起抽汲和压力波动，甚至造成压差卡钻。因此，滤失性能是钻井液的重要性能之一。

钻井液的滤失量与地层渗透率密切相关。因钻井液发生滤失时有滤饼形成，随后钻井液发生滤失时，必须首先经过已形成的滤饼。因此，决定滤失量大小的主要因素应是滤饼的渗透率。如何形成低渗透率的高质量滤饼，阻止钻井液的进一步滤失，是钻井液配制中需考虑的重要问题之一。

钻井液的滤失可分为瞬时滤失、静滤失和动滤失。瞬时滤失在整个滤失过程中占的比重较小；动滤失比较符合井下情况，但无论是室内还是现场都难以测定；静滤失尽管与实际情况有一定差距，但评价方法简单，能很好地反映钻井液的滤失性能。

通常用静滤失方程来描述钻井液的滤失过程及滤失量：

$$\frac{V_f}{A} = \sqrt{\frac{K\Delta pt\left(\frac{C_c}{C_m}-1\right)}{\mu}}$$

式中 $\frac{V_f}{A}$——单位面积上的滤失量，m^3/m^2；

K——滤饼的渗透率，D；

Δp——滤饼两侧的压差，Pa；

T——渗滤时间，s；

C_c——滤饼中固相的体积分数，%；

C_m——钻井液中固相的体积分数，%；

M——滤液的黏度，Pa·s。

由静滤失方程可知，单位面积上滤失量的大小与滤饼的渗透率、滤饼两侧的压差、渗滤时间、钻井液中固相的类型和数量以及滤液的黏度等因素有关。其中滤饼两侧压差和渗滤时间是与滤饼本身性质无关的操作条件因素。提高滤液黏度虽可降低滤失量，但这与钻井液流变性要求相矛盾。因此，调整钻井液滤失量大小的主要途径是调整滤饼的渗透率。

在实验室通常利用静滤失测定仪测量钻井液滤失量。

实验中，滤杯中钻井液经滤纸而渗滤流出。在滤饼形成前，滤液渗出速度相当快；1～2s后，滤液渗出速度渐渐变慢，经过一定时间后趋于匀速。滤饼形成前经滤纸的滤失量称瞬时滤失量。在钻井过程中，为了减少瞬时滤失量，必须快速形成滤饼，即要求钻井液中含有与地层孔隙相匹配的架桥粒子和小颗粒的填充粒子，前者在岩石孔喉处形成桥堵，后者进一步填充剩余孔隙，形成致密滤饼。

形成低渗透率、低滤失量滤饼的必要条件：

① 钻井液中应具有合理的多级分散颗粒，即在钻井液中必须有大、中、小各种颗粒，并有合理的分布。实践表明，钻井液中必须含有比被钻地层最大孔隙小或相当于地层最大孔隙 $1/3～1/6$ 的桥堵颗粒，以及不同粒径大小的胶体粒子，有利于尽快桥堵刚钻开地层的大孔隙，形成致密泥饼，减少瞬时滤失量。

② 钻井液中应具有水化分散性好的胶体颗粒。滤饼渗透性的高低不仅与钻井液中所含胶体及细颗粒的尺寸分布、数量有关，而且更与胶体颗粒类型密切相关。如果胶体颗粒扁平、水化性好，则在压力作用下容易变形，形成的滤饼渗透率自然就低。

③ 除上述条件外，在钻井液中还应具有良好水化护胶性能的降滤失剂。

2. 降滤失剂的作用原理

降滤失剂是指能降低钻井液滤失量的油气田化学品，多为水溶性高分子化合物。其降滤失原理包括：

（1）稳定胶体颗粒

钻井液中的黏土颗粒要求有合适的大小分布，同时要求具有较多的细黏土颗粒。滤失量大的钻井液往往粗颗粒较多，体系中溶胶细颗粒（<100μm）较少。其结果是钻片液所形成的滤饼疏松、孔隙大、滤失量大。

降滤失剂是一种能在水中解离出负离子基团的高分子化合物。它一方面吸附在黏土表面上形成吸附层，以阻止黏土颗粒絮凝变大；另一方面能将钻井液循环搅拌作用下所拆散的细颗粒通过吸附架桥稳定下来，不再黏结成大颗粒，从而保证足够量的细颗粒比例，使钻井液能形成薄而致密的滤饼，降低滤失量。该作用称为降滤失剂的护胶作用。

通常降滤失剂在钻井液中的浓度必须足够高，以利于将拆散的黏土颗粒"裹"起来，提高黏土颗粒表面的负电荷密度及ζ电位，增大颗粒间的斥力；同时利用其水化基团的水化作用而形成较厚的水化膜，使黏土颗粒间碰撞弹性增加，不易合并变大。否则，降滤失剂不但对胶体颗粒没有保护作用，反而会使黏土颗粒更容易聚沉。

（2）提高滤液黏度

高分子降滤失剂加入钻井液中可提高滤液黏度，使滤失量降低。但因黏度（塑性黏度）升高会使钻速降低，所以采用降滤失剂大幅度提高滤液黏度是不可取的。

（3）降滤失剂的桥堵作用

高分子化合物降滤失剂的分子尺寸属胶体颗粒范围，加入降滤失剂相当于增加了钻井液中胶体颗粒的含量，它们对滤饼起封堵孔隙的作用。其封堵方式包括：降滤失剂以分子长链楔入滤饼孔隙和长链分子卷曲成球状堵塞滤饼孔隙。

3. 常用的降滤失剂

（1）羧甲基纤维素

羧甲基纤维素（CMC）是纤维素的改性产物，其钠盐在油气田中有广泛的应用，称为钠羧甲基纤维素，其分子结构为

（钠羧甲基纤维素,Na–CMC）

CMC 是直链线型水溶性高分子化合物。它的两个主要性能指标是相对分子质量和取代度（每个环式葡萄糖上含羧甲基的数目）。

CMC 的相对分子质量越高，水溶液黏度越大。工业上按其水溶液黏度的大小把 CMC 分成三个等级：高黏度的 CMC，在 25℃时 1% 水溶液的黏度为 $400\sim500$mPa·s，由于其增黏能力强，一般不作为降滤失剂使用；中黏度的 CMC，在 25℃时 2% 水溶液黏度为 $50\sim270$mPa·s。可作为一般钻井液的降滤失剂，既可降低滤失量，又可提高钻井液的黏度，低黏度的 CMC 在 25℃时 2% 水溶液黏度小于 50mPa·s，可作为加重钻井液的降滤失剂，以避免引起黏度过大。

取代度的高低是决定 CMC 水溶性的主要因素，取代度大于 0.5 的 CMC 才易溶于水，取代度越高其水溶性越好。作为钻井液处理剂的 CMC，取代度为 $0.6\sim0.9$ 效果较好。

CMC 是一种抗盐、抗温能力较强的降滤失剂，也有一定的抗钙能力。降滤失量的同时还有增黏作用，适用于配制海水钻井液、饱和盐水钻井液和钙处理钻井液，是目前应用广泛的一种降滤失剂。国内钻 5000m 以上的超深井时，用 CMC 作降滤失剂可获得较好效果。

CMC 主要是通过稳定胶体颗粒作用达到降低滤失量的目的。CMC 在钻井液中解离成长链多价负离子，链上的羟基与黏土颗粒表面上的氧原子形成氢键吸附，一部分羧基与断键边缘处的 Al^{3+} 之间产生静电吸引；另一部分羧基则通过水化作用使黏土颗粒表面形成水化层，同时增加了黏土颗粒表面的 ζ 电位。由于 CMC 分子链较长，一个分子可同时吸附多个黏土颗粒与黏土颗粒形成混合网状结构，避免黏土颗粒相互黏结变大，从而大大提高了黏土颗粒的聚合稳定性，有利于形成致密而坚韧的滤饼。此外，CMC 能提高滤液黏度，以及本身的堵孔作用都可降低滤失量。

CMC 是使用较早的钻井液降滤失剂，来源于天然聚合物改性，它本身结构存在的缺陷，导致性能受到了一些影响。国外尤其是美国对其化学结构做了改进，性能有了很大改进，典型的产品主要有以下几个：

Drispac 聚合物是一种纯净、高相对分子质量的聚阴离子纤维素聚合物，容易分散在所

有的水基钻井液中。淡水到饱和盐水钻井液均适用。这种聚合物有两种黏度等级，即常规的(Regular)和特种的(Superlo)。Drispac可以在最小的固体情况下提供很好的井眼控制性能。它能显著地降低失水量与减薄滤饼厚度，通过抑制作用保护页岩，使低固相钻井液体系具有理想的钻井液性质。常规Drispac是一种长链的聚合物，因而在高固相钻井液中会引起过高的黏度。特种Drispac是一种比常规Drispac较短链的聚合物。高固相钻井液通常非常需要Drispac聚合物，然而由于黏度的增大，不可能加入需要量的常规Drispac。为了增加抑制作用、控制失水量与滤饼厚度，这些钻井液就需要特种Drispac。控制失水与抑制页岩是密切相连的，因为各自都有赖于存在钻井液水相里的多余的聚合物，以获得最好的结果。

特种的与常规的Drispac聚合物相比，控制失水时仅会稍稍增加黏度。黏度的增加很大程度上取决于钻井液中的固相。在低固相含盐钻井液中，常规Drispac和特种Drispac均可使钻井液降黏。

由于常规Drispac具有较长的链，通常比特种Drispac具有较好的控制失水和抑制性质。因此，除非常规Drispac造成了比期望值高的黏度，否则尽量选用常规Drispac。Drispac的抗温性能和抗盐抗钙性能都有了明显的提高。在美国，Drispac使用温度达到了204℃。

我国近年来也生产了聚阴离子纤维素，其抗盐、抗钙性能和增黏降滤失能力大约是CMC的2倍。CMC是高分子化合物，在水中溶解速度较慢，这是使用中应当注意的特性，应该避免未溶解的CMC被振动筛筛除造成浪费。

近几年来，在提高CMC的抗温、抗盐能力方面做了不少研究工作。一方面在CMC的生产或使用过程中掺入某些抗氧剂。例如常用的有机抗氧剂有单、双、三乙醇胺，苯胺，己二胺，无机抗氧剂有硫化钠、亚硫酸钠、硼砂、水溶性硅酸盐和硫黄等，这些抗氧剂复配使用可以将CMC的抗温性提高50~60℃。另一方面也可在CMC分子中引入某些基因。例如：一种在制备时掺入乙醇胺作为抗氧化剂的产品，可用于高矿化度钻井液在200℃下钻井；CMC与丙烯腈反应引入氰乙基后再加入$NaHSO_3$引入磺酸基，所得产品的抗温、抗盐能力有明显提高；用60g HNO_3和100g褐煤制备的硝基腐殖酸是CMC在高矿化度钻井液中降解的有效抑制剂，用它和聚合度为500的CMC稳定的饱和盐水钻井液，在小于或等于200℃的高温下仍有较低的失水量。另外，也有使用溶剂控制纤维素羧甲基化过程中由于温度或碱引起的纤维素降解，以提高产品的黏度和抗温抗盐性。也有使用甲醛使CMC交联以提高抗温性。

（2）腐殖酸及其衍生物

腐殖酸是由生物残体在空气和水分存在下部分分解的产物，是可以从泥炭、褐煤或某些土壤中提取的天然高分子化合物。腐殖酸不是单一的化合物，而是由分子大小不同、结构组成各异的羟基芳香羧酸族组成的混合物。

元素分析表明，腐殖酸的化学组成一般为C：55%~65%；H：5.5%~6.5%；O：25%~35%；N：3%~4%；还有少量的S和P。腐殖酸各组分的相对分子质量也相差较大，黄腐酸为300~400，棕腐酸为2000~20000，黑腐酸为10^4~10^5。腐殖酸的化学结构十分复杂，目前还不十分清楚，一般认为它是由几个相似的结构单元组成的大复合体，每个结构单元又由核、桥键和活性基团组成，其主要官能团有羧基、羰基、羟基、甲氧基和醚键。腐殖酸及其改性产物的结构片段可表示为

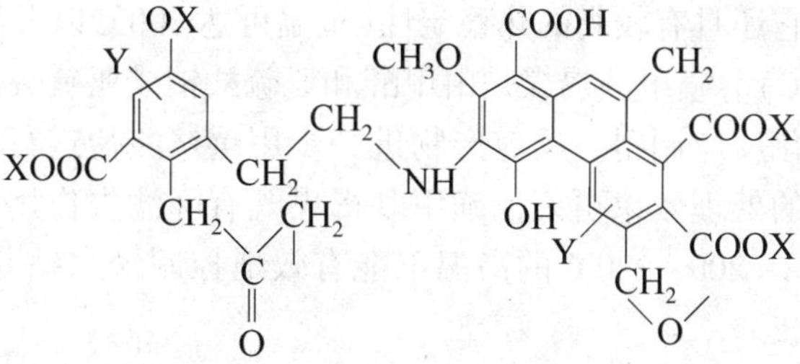

其中　X=H, Y=H,腐殖酸;
　　　X=K, Y=H,腐殖酸钾, K-Hm;
　　　X=Na, Y=H,腐殖酸钠,煤碱剂, Na-Hm;
　　　X=Na, Y=NO₂,硝基腐殖酸钠, Na-NHm;
　　　X=Na, Y=CH₂SO₂Na,磺甲基腐殖酸钠, Na-SMHm。

作为降滤失剂使用的主要有下列腐殖酸衍生物:

① 煤碱剂　煤碱剂(Na-Hm)是由褐煤加适量烧碱和水配制而成的, 其中主要有效成分为腐殖酸钠。褐煤中腐殖酸含量为 20%～80%, 腐殖酸难溶于水, 易溶于碱溶液生成腐殖酸钠。现场配制煤碱剂的配比为褐碱:烧碱:水＝15:(1～3):(50～200);具体配比视褐煤的腐殖酸含量和实际使用条件而定。

由于腐殖酸分子的基本骨架是碳链和芳环结构, 因此煤碱剂有很好的热稳定性。室内实验表明, 对于淡水钻井液, 在 200℃静置恒温 24h, 降滤失性能基本不变, 但煤碱剂的抗盐和抗钙能力较差。

由于腐殖酸分子中含有较多可与黏土颗粒吸附的官能团, 特别是邻位双酚羟基, 又含有水化作用较强的钠羧基等基团, 使腐殖酸钠既有降滤失作用, 又兼有稀释作用。

煤碱剂的降滤失机理在于:含有多种官能团的阴离子大分子腐殖酸钠吸附在黏土颗粒表面形成吸附水化层, 同时提高黏土颗粒的 ζ 电位, 因而大大增加了黏土颗粒的聚结稳定性, 使钻井液中的黏土颗粒保持多级分散状态, 易形成致密的滤饼。特别是黏土颗粒的吸附水化膜的高黏度和弹性带来的堵孔作用, 使滤饼更加致密, 从而降低了滤失量。此外, 它可提高滤液黏度, 有利于降低滤失量。

② 铬褐煤　铬褐煤(铬腐殖酸)是重铬酸盐与褐煤的反应产物, 其中腐殖酸与重铬酸盐的质量比为 3:1 或 4:1。两者的混合物在 80℃以上反应生成腐殖酸或氧化腐殖酸的铬螯合物, 其有效成分为铬腐殖酸。反应包括氧化和螯合两步, 氧化使腐殖酸的亲水性增强, 同时重铬酸盐被还原成 Cr³⁺, Cr³⁺再与氧化腐殖酸或腐殖酸进行螯合。铬腐殖酸在水中有较大的溶解度, 其抗盐、抗钙能力都优于腐殖酸钠。

铬腐殖酸既有降滤失作用, 又有稀释作用。尤其是它与铁铬盐复合使用时, 有良好的协同效应。由铁铬盐、铬腐殖酸和表面活性剂组成的"铬腐殖酸表面活性剂钻井液"具有良好的热稳定性和防塌效果, 现场曾在 6280m 的高温深井和易塌地层成功使用。

③ 硝基腐殖酸　硝基腐殖酸是用浓度为 3mol/L 左右的稀硝酸与褐煤在 40～60℃反应制备, 投料配比为腐殖酸:硝酸＝1:2。反应包括氧化和硝化两步, 均为放热反应。反应使腐殖酸平均相对分子质量降低, 羧基增多, 并在分子中引入了硝基。硝基腐殖酸再与烧碱作用便得到其钠盐。硝基腐殖酸钠具有良好的降滤失性和稀释作用, 其突出特点是抗盐、

抗钙能力增强。此外，它还具有较高的热稳定性（抗温可达200℃以上）。

④ 磺甲基褐煤（SMC）　磺甲基褐煤是由甲醛和亚硫酸钠或亚硫酸氢钠在 pH 值为 9~11 条件下与褐煤经磺甲基化反应制得。反应产物进一步用重铬酸盐进行氧化和螯合，生成的磺甲基腐殖酸对钻井液的处理效果更好。磺甲基褐煤既有降滤失作用又有稀释作用，其主要特点是热稳定性好，在 200~220℃ 的高温下能有效地控制淡水钻井液的滤失量和黏度，缺点是高温下抗盐性能较差。

（3）树脂

① 磺甲基酚醛树脂（SMP、SP）　SMP 与 SP 均为磺甲基酚醛树脂的商品代号，它们的合成路线略有不同。SMP 的合成是在酸性条件（pH = 3~4）下甲醛与苯酚反应，生成适当相对分子质量的线型酚醛树脂，再在碱性条件下加入磺甲基化试剂进行磺甲基反应，制得 SMP-1。适当控制反应条件可得到磺化度较高、相对分子质量较大的产品（SMP-2）。

$$n\ \underset{}{C_6H_5OH}\ +nCH_2O\ \xrightarrow[\triangle]{H^+}\ \left[\underset{}{C_6H_3(OH)}CH_2\right]_n\ +(n-1)H_2O$$

$$\left[\underset{}{C_6H_3(OH)}CH_2\right]_n\ +CH_2O+NaHSO_3\ \xrightarrow{OH^-}\ \left[\underset{CH_2SO_3Na}{C_6H_2(OH)}CH_2\right]_n$$

SP 的合成是将苯酚与甲醛、亚硫酸钠或亚硫酸氢钠一次投料，在碱性条件下，边缩合边磺甲基化所生成。

$$C_6H_5OH\ +CH_2O+NaHSO_3\ \xrightarrow{OH^-}\ \left[\underset{CH_2SO_3Na}{C_6H_2(OH)}CH_2\right]_n$$

磺甲基酚醛树脂是一种水溶性的不规则线型高分子，分子结构主要以苯环、亚甲基桥键组成。分子中的酚羟基为吸附基团，磺甲基为亲水基团。它的抗盐能力和热稳定性均很强，抗温可达 200~220℃。

② 磺化木质素磺甲基酚醛树脂缩合物　磺化木质素磺甲基酚醛树脂缩合物（SLSP）是一种水溶性线型高分子共聚物。它的制备分两步完成，首先在碱性催化下，苯酚、甲醛与亚硫酸氢钠发生缩合反应，生成磺甲基酚醛树脂，然后将其与磺化木质素（纸浆废液）在甲醛溶液和氢氧化钠存在下，加热回流进行脱水缩合，在干燥后即可得到 SLSP 产品。

（磺甲基酚醛树脂，SMP）　　　　　（磺甲基酚醛树脂与磺化木质素树脂的缩合物，SLSP）

SLSP 热稳定性好，抗盐、抗钙能力强。用 SLSP 处理的钻井液经 150～180℃ 高温后，滤失量变化不大。由于其分子中含有大量的磺酸基团，遇到大量钠、钙或镁离子时，不易产生去水化作用和盐析现象。SLSP 分子链上含有羟基等吸附基团，能与黏土颗粒上的氧进行氢键吸附。磺酸基团可使黏土颗粒表面的溶剂化水膜增厚，ζ 电位提高，因而可提高黏土颗粒的聚结稳定性。由于 SLSP 的稳定胶体颗粒作用，并能提高钻井液黏度，从而使滤失量降低。

③ 磺化褐煤树脂　磺化褐煤树脂商品名为 Resinex，由 50% 的磺化褐煤和 50% 的磺甲基酚醛树脂组成。产品易溶于水，在 pH = 7～14 的各种水基钻井液中均可使用。它是一种抗盐耐温的降滤失剂。在盐水钻井液中抗温可达 230℃，抗盐最高可达 $1.1 \times 10^5 \mathrm{mg \cdot L^{-1}}$；在含钙量 $2000 \mathrm{mg \cdot L^{-1}}$ 的情况下，仍能保持钻井液性能稳定。在降滤失量的同时，它不增加钻井液的黏度，尤其在高密度钻井液中实现了控制滤失量而不增加钻井液的黏度。用磺化褐煤树脂处理的钻井液滤饼渗透性极低，对于稳定井壁、预防黏卡和保护油气层都是有利的。

(4) 改性淀粉

改性淀粉如羧甲基淀粉、羟乙基淀粉、羟丙基淀粉在钻井液处理剂中占有重要地位，其用量仅次于铁铬盐和褐煤类产品。

羧甲基淀粉是在预胶化淀粉的基础上，进一步与醚化剂氯乙酸反应，然后经洗涤、脱水、干燥、粉碎过筛得到的产品；羟乙基淀粉是在预胶化淀粉基础上，与氯乙醇或环氧乙烷反应生成的；羟丙基淀粉是在预胶化淀粉基础上，与环氧丙烷反应制得的。它们的结构如下：

(羧甲基淀粉)　　　　(羟乙基淀粉)　　　　(羟丙基淀粉)

改性淀粉的降滤失机理与钠羧甲基纤维素类似，由于分子中含有大量羟基、苷键和醚键，它们能与黏土颗粒上的氧或羟基发生氢键吸附；而强水化基团可使黏土颗粒表面的溶剂化膜增厚，ζ 电位提高；淀粉分子链是螺旋状结构且相对分子质量较高，可吸附多个黏土颗粒形成空间网架结构，也有利于提高其聚结稳定性；改性淀粉的增黏性能强，能提高钻井液中自由水的黏度和降低滤饼的渗滤作用，故改性淀粉加入钻井液后能大幅度降低滤失量。

(5) 水解聚丙烯腈

聚丙烯腈是由丙烯腈聚合而成的高分子化合物，俗称腈纶，水解聚丙烯腈 (HPAN) 是以腈纶生产中的废丝为原料，用碱水解后得到的产物：

(水解聚丙烯腈)

实质上，水解聚丙烯腈在结构上可以看作是丙烯酸钠、丙烯酰胺、丙烯腈的三元共聚物。分子链上的腈基和酰胺基是吸附基团，钠羧基是水化基团。未水解的腈基在井底高温及碱性条件下可进一步水解成酰胺基和钠羧基，从而缓和了井下高温对整个分子链的作用，具有良好的抗温性。

水解聚丙烯腈处理钻井液的性能主要取决于相对分子质量和水解程度。相对分子质量较高的水解聚丙烯腈降滤失能力比较强，增加钻井液的黏度也比较明显；相对分子质量较低的水解聚丙烯腈降滤失能力较弱，增黏作用也不明显。

水解聚丙烯腈的优点是热稳定性较强，但成本高，多在超深井的高温井段用作降滤失剂，可耐 240~250℃ 高温，抗盐能力也较强，但抗钙能力较弱，遇到大量钙(如高浓度的 $CaCl_2$ 溶液)就会生成絮状沉淀。

(6) 丙烯酰胺类聚合物

常用的丙烯酰胺类聚合物降滤失剂种类较多，如水解聚丙烯酰胺钠盐、水解聚丙烯酰胺钾盐等。还有丙烯酰胺多元共聚物，如阴离子型丙烯酰胺、丙烯酸等单体多元共聚物，阴离子型丙烯酰胺、2-丙烯酰胺基-2-甲基丙磺酸(AMPS)等单体多元共聚物，阳离子型丙烯酰胺、二甲基二烯丙基氯化铵(DMDAAC)等单体多元共聚物，两性离子型丙烯酰胺、丙烯酸、DMDAAC 等单体多元共聚物等，另外还有多元共聚物反相乳液可作为降滤失剂。

(7) 聚阴离子纤维素(PAC)

针对羧甲基纤维素(CMC)应用中存在的问题(如抑制性差、稳定性差)，PAC 的探索工作从 20 世纪 80 年代起就已开始。PAC 是丙烯酸、丙烯酸胺、丙烯酸钠、丙烯酸钙的四元共聚物。它在降滤失量的同时有增黏作用，能提高钻井液的剪切稀释能力，有调节流型的作用。能抗 180℃ 的高温，抗盐可达饱和。近几年来，烯类单体的多元共聚物发展迅速，PAC 产品已系列化。

PAC142 是丙烯酸、丙烯酸胺、丙烯腈、丙烯磺酸钠的多元共聚物。在降滤失量的同时增黏的幅度比 PAC141 小。PAC142 可用于淡水、海水和饱和盐水钻井液中。改变分子链的长短和基团的种类及各种基团的比例，就可以改变聚合物处理钻井液的性能和效果，正是遵循这一原则，所以 PAC 已发展了系列产品。PAC 系列不仅具有降滤失作用，同时还具有改善钻井液流变参数调整流型的作用。从合成工艺着手，围绕提高取代度及取代均匀程度，通过优化工艺制备了 PAC。在保证 CMC 优点的情况下，使产物的抑制性、稳定性、增黏性和降滤失能力进一步提高，尤其 PAC 钾盐抑制性明显增强。

采用特殊工艺合成的 PAC，其取代度高且取代均匀，综合性能好于 CMC，适合多种类型的钻井液体系。它具有较好的降滤失性能和明显的增黏作用，抗盐、钙能力强，稳定性好，可抗各种可溶性盐的污染，常用于海水钻井液。

(8) 复合离子型聚合物

复合离子型聚合物是在高分子链节中引入了多种阳离子官能团，使聚合物与黏土表面的相互作用方式，由单一的氢键吸附变为氢键吸附与静电吸附的双重作用。对主体聚合物而言，增强了它对黏土的作用速度和包被强度，使其能在黏土水化膨胀之前，及时牢固地对黏土实现吸附和包被。另外，聚合物分子链上的阳离子被黏土表面吸附的同时，还将部分平衡黏土表面的负电荷，从而减弱了黏土颗粒的水化能力，实现主体聚合物的强抑制性；对降黏剂来说，在它对钻井液具有好的降黏作用的同时，小分子聚合物靠自身分子缔合，通过非离子官能团与黏土的氢键吸附及阳离子与黏土的静电吸附作用，在部分平衡黏土表面电荷的同时，也对黏土颗粒表面实现包被，阻止了黏土的水化和分散。聚合物降黏剂在其发挥降黏作用同时，不会削弱甚至还会增强钻井液体系的抑制性，即使钻遇造浆强烈的地层时，也能有效地抑制黏土分散，保持钻井液性能的稳定。由于复合离子型聚合物的分子中除了有一定的阳离子、非离子官能团外，还有一定的多种阴离子官能团，它们作为水化基团，保证了具有极强的抑制性同时，又具有良好的改善钻井液流变性能，故在配制新浆及钻进中维护时，一般无须再专门加入其他类型处理剂，钻井液性能即可维持优质稳定。

复合离子型聚合物中的阴离子采用羧基和磺酸基的双重协同作用。一方面是避免了单用羧基时遇高矿化度地层水易生成羧酸钙沉淀而带来的油层堵塞问题，也可减弱单一磺酸基团的高温解离，生成三氧化硫及二氧化硫，腐蚀钻具。另外，羧基和磺酸基的溶剂化能力较强，也有助于提高钻井液体系的抗温和抗盐能力。

FA367 是一种复合离子型高分子聚合物，在钻井液体系中用作增黏剂和降失水剂，能有效地抑制黏土分散。FA367 与 XY27 常复配使用。通常加量：对淡水浆为 0.1%～0.3%；对咸水浆为 0.5%～1.0% 就可满足钻井工艺要求。应用时，应先配成 1% 水溶液，再加到预水化搬土浆中，在中国 10 多个油气田近 400 口井中使用，取得了显著的经济效益。

（9）惰性或非水溶性材料

主要有超细碳酸钙、油溶性树脂、超细纤维素、超细木质素、沥青等。

四、页岩抑制剂

在钻遇页岩地层时，易发生井壁坍塌，这是钻井工程中的一个重要问题。井壁坍塌虽然与地质条件有关，但从工艺上讲，直接与钻井液性能有关。井壁坍塌不仅影响钻井的速率和质量，有时甚至关系到一口井的成败。实际上，钻井液中所有的处理剂在钻井过程中的主要作用只有两个，一个作用是维护钻井液性能稳定，另一个作用是保证井眼稳定。这种起稳定井眼作用的处理剂就称之为页岩抑制剂，又称页岩防塌剂。页岩抑制剂的作用是防止页岩水化膨胀和分散引起的井壁坍塌、破裂和掉块，以防造成钻井事故。

1. 井壁坍塌的原因

页岩是沉积在海相盆地内的沉积岩，主要是黏土和淤泥形成的岩层，属于质地疏松、不坚硬的岩石。其主要化学成分是硅铝酸盐，根据硅铝酸盐组成的不同，又分为蒙皂石、高岭石、伊利石和绿泥石，统称为黏土矿物。

页岩中的黏土矿物吸水膨胀是引起井壁坍塌的主要原因，水化膨胀又分为表面水化和渗透水化两种形式。

硅铝酸盐在晶体形成时，由于晶格取代使表面带负电，为了保持电中性，其表面吸附了一定量的阳离子中和表面电荷并发生表面水化。由于页岩属于海相沉积矿物，在沉积过程中，随着覆盖层的逐渐增厚而产生巨大的压力。在压力作用下，每一层间的自由水先被挤出，随着沉积的继续，埋藏深度增加，也会使黏土晶体表面的吸附水被挤出，使黏土表面水化层变薄，并对水产生了巨大的吸附潜能。研究表明，黏土表面最多可吸附四层水分子，1g 干的钠蒙皂石表面水化可吸附 0.5g 水，使其体积增加 1 倍。

在钻遇页岩地层时，若地层水中离子浓度高于钻井液中离子浓度，则钻井液中的水要向地层中迁移渗透，引起页岩水化膨胀。这种由离子浓度差所引起的水化作用称为渗透水化。渗透水化进入的水分子是无序的，因此引起的页岩体积膨胀量要比表面水化大得多。

并非所有的黏土矿物都会发生水化膨胀，蒙皂石最易发生水化膨胀，而高岭石和伊利石膨胀性很小，但它们吸水后会引起层间裂解。黏土矿物均为层状结构，高岭石和伊利石层间连接主要靠范德华力。当水进入黏土的层间结构时，水分子会与黏土的硅氧面和铝氧面形成氢键，使层间距离增加，范德华力减弱，迫使层与层分开，即发生层间裂解。如果钻井液中氢氧根离子含量较高时，其与硅氧面的作用比水更强，会加剧这种裂解作用。

2. 页岩抑制剂及其作用原理

目前所使用的主要页岩抑制剂类型包括：

（1）盐类

这类页岩抑制剂能显著降低黏土水化、膨胀和分散，主要有：NaCl、KCl、CaCl$_2$、CaBr$_2$ 和高 Ca^{2+} 盐水（包括 Mg^{2+}、Zn^{2+} 盐水）；甲酸盐和醋酸盐（HCOOM，CH$_3$COOM，M = Na$^+$、K$^+$、Cs$^+$）；硅酸盐等。

$$\underset{\substack{| \\ CONH_2}}{\left(CH_2-CH\right)_n} \qquad \underset{\substack{| \qquad\qquad | \\ CONH_2 \quad COONa}}{\left(CH_2-CH\right)_x\left(CH_2-CH\right)_y}$$

（聚丙烯酰胺）　　　　　　　（水解聚丙烯酰胺）

K$^+$、NH$_4^+$ 由于有合适的离子半径与低的水化能，因而能有效地抑制黏土矿物水化。由于蒙脱石等黏土矿物晶层表面为硅氧四面体构成的六角环状结构直径（0.288nm）与未水化的 K$^+$ 和 NH$_4^+$ 的直径相当。因此 K$^+$、NH$_4^+$ 可镶嵌到相邻两层硅氧四面体组成的六角环中，将带负电的黏土片紧紧连接在一起，增加了黏土层间的引力。此外，K$^+$、NH$_4^+$ 的水化能也较低，故水化膜也较薄，从而有效地抑制了黏土水化膨胀，页岩抑制效果优于 Na$^+$、Ca^{2+} 和 Mg^{2+}。若黏土矿物处于 Na$^+$ 环境中，则伊利石、伊蒙混层上的 K$^+$ 会被部分 Na$^+$ 置换，使黏土矿物水化增加，从而给防塌造成不利影响。若它们处于 K$^+$ 环境中，就可以消除上述不良影响。因此，在钻井液中加入 K$^+$ 能有效地抑制井塌。电荷数相同的离子其水化能与其未水化时的离子半径成反比，故低分子的有机阳离子，如环氧丙基三甲基氯化铵（NW-1）等降低黏土水化趋势的效果比 K$^+$、NH$_4^+$ 好得多。

（2）聚合物

这类抑制剂有显著桥连作用，多为聚合物，有钾、铵基聚丙烯酸盐、阳离子聚合物、两性离子聚合物等线性高聚物分子，如阴离子 PAC 类（聚阴离子纤维素衍生物类）和 PHPA（部分水解聚丙烯酰胺类）；阳离子聚合物如聚合物季胺类、低分子的阳离子 NW-1、ZCO-1、ZCO-2、PTA、CSW-1；两性离子聚合物如聚合物氨基酸、FA367、FA368 等；非离子聚合物如多糖、甘油、葡萄糖苷、MEG、聚丙三醇、聚乙二醇、乙烯醇(PVA)和 HEC 类等。线性大分子覆盖在页岩的表面,通过多点吸附而产生了固结作用,从而使页岩膨胀得到抑制。

① 聚丙烯酰胺　聚丙烯酰胺其负电基团吸附于黏土晶片上带正电荷的端面,而极性酰胺基易与黏土表面进行物理吸附,从而使得一个很长的分子链可以同时在相邻的数个黏土颗粒上通过氢键和范德华力进行吸附,对黏土颗粒起到桥联作用。但是当井眼内钻井液温度升高时,聚合物分子动能增大,物理吸附趋势降低,防塌效果也就降低。

② 阳离子聚合物　阳离子聚合物因其分子链上带有正电基团,与带多余负电荷的黏土颗粒吸附速度较快、吸附强度也较高。在黏土颗粒间产生的附加结合力高于阴离子聚合物。阳离子型页岩抑制剂 NW-1(氯化环氧丙基三甲基铵)又称小阳离子。大阳离子型页岩抑制剂 CPAM 为聚胺甲基丙烯酰胺-丙烯酰胺共聚物,相对分子质量约 100×10^4。该产品经南海、塔里木、冀东、渤海等油气田使用取得明显的效果。可在任何水基钻井液中用作页岩水化膨胀和分散的抑制剂,抗温至 200℃,可用于深井及斜井中,加量 0.2%~0.4%。

③ 两性离子聚合物 FA-367　FA-367 由于它是一种两性离子聚合物,同时兼有阳离子和阴离子两种基团。其中阳离子基团所起的作用主要有两个,一是中和黏土表面电荷,二是提供强烈吸附,从而使非离子基团比例减少,形成紧密的包被层,而阴离子基团则能形成致密的水化膜,使包被膜增厚,絮凝、水化趋势减弱,体系稳定增强。从而使钻井液能维持良好的稳定性及配浆性。FA-367 与现有体系及处理剂有良好的兼容性。

④ 聚醚二胺　聚醚二胺页岩抑制剂属新型伯二胺。其根据己二胺的分子结构设计开发,并于 2000 年初投入市场。该类产品主要通过聚乙二醇还原胺化反应制备,通过改变分子链中的醚键数目,得到不同相对分子质量和不同性能的产品。聚醚二胺具有低毒、低氨气味和热稳定性高的特点,与其他处理剂配伍性好。它是目前最有发展前景的胺类页岩抑制剂。

聚醚二胺页岩抑制剂稳定页岩机理:新型聚醚二胺作为页岩抑制剂应用于高性能水基钻井液中,它属于阳离子化胺类。X 射线衍射研究表明,这类新型页岩抑制剂抑制页岩膨胀的机理不同于聚乙二醇类。它主要通过胺基特有的吸附而起作用;而不是通过驱除页岩层空间内的水分子起作用。由于胺基氮原子具有未共用电子对,能与质子结合,当胺溶解于水时,从水中夺取质子,形成带正电荷的 NH_4^+,此时,胺在水溶液中显碱性。低相对分子质量的胺能穿透进入黏土层间,带正电的 NH_4^+ 通过静电吸附在黏土表面。聚醚二胺分子中含有胺基(伯胺或仲胺),与质子结合后生成两个铵正离子,分别吸附在相邻的黏土片层上并将黏土片层束缚在一起。同时,NH_4^+ 与水分子形成氢键,强化了胺分子在黏土层间的吸附。

在高性能水基钻井液体系中,胺类抑制剂与部分水解聚丙烯酰胺共同作用抑制页岩水化分散。首先,低相对分子质量的胺类像 K^+ 一样穿透黏土层,低浓度的胺类解吸附带水化膜的可交换阳离子,通过静电吸附、氢键作用和偶极作用等将黏土片层束缚在一起,阻止水分子进入。然后,高相对分子质量的部分水解聚丙烯酰胺在页岩表面进行吸附,起到覆盖包被页岩的作用。通过聚合物的包被作用,保持岩屑的完整,防止岩屑在流动过程中崩散。因此，通过胺类的化学抑制与部分水解聚丙烯酰胺的包被封堵，二者协同作用，能达到优良的抑制效果，实现钻井液总体抑制。

（3）沥青类

氧化沥青页岩抑制剂的作用主要是物理作用，它在一定温度和压力下软化变形封堵裂缝，并在井壁附近形成一层致密的保护膜。在软化点以内，随温度升高，氧化沥青的降滤失能力和封堵裂缝能力增加，稳定井壁效果增强，超过软化点后，随压差升高，会使沥青软化后流入岩石孔隙深处，稳定井壁效果变差。

磺化沥青页岩抑制剂的作用主要是化学作用，磺化沥青中由于含有磺酸基，水化作用很强，它能吸附在泥页岩晶层断面，抑制泥页岩水化分散，同时不溶于水的部分又能起到填充孔喉的作用。但是随着温度的升高，磺化沥青的封堵能力和降滤失效果下降。

改性沥青和天然沥青类都以磺化沥青为主。为了提高其封堵与抑制能力，又研制了沥青类与各种有机化合物的缩合物，如磺化沥青与腐殖酸钾的缩合物 KAHM、磺化沥青与腐殖酸钠的缩合物 FT342、磺化沥青与树脂类的缩合物 K21、KPC 等。

五、其他处理剂

1. 絮凝剂

随着钻井技术的发展，人们更加重视钻井液的组成对钻速的影响。研究表明，钻井液的类型、组成和性能是直接影响钻速和钻井成本的重要因素，尤其是钻井液中的固相含量及亚微粒子含量是最为关键的因素。20 世纪 60 年代末，国外将高分子絮凝剂引入钻井液，使不分散无固相、低固相聚合物钻井液得到应用，从而大幅度提高了钻井速度。国内 70 年代开始研制和试用相应絮凝剂及配套钻井液，目前已成为喷射钻井的重要匹配技术。

钻井液中的固相含量、固相类型、固相颗粒大小对钻速都产生影响。钻井液中固相含量为零时钻速最高，随着固相含量增加，钻速显著下降。一般认为，砂石、重晶石等惰性固体对钻速影响较小，钻屑、低造浆率的劣质土影响居中，高造浆率的黏土影响较大。室内研究表明，在不改变静水压力的条件下，黏土含量为 2%（体积分数）的钻井液，钻速为 3.35m·h⁻¹；当黏土含量增至 12% 时，钻速仅为 0.91m·h⁻¹。

实验还表明，固相颗粒尺寸越小，对钻速影响越大，尤其是亚微米颗粒对钻速影响最大。当钻井液固相含量相同时，小于 1μm 的弧微米颗粒对钻速的影响是 1μm 以上颗粒的 13 倍，即钻井液中亚微米颗粒越多，钻速下降越快。

控制钻井液中的固相含量，特别是亚微粒子含量，是提高钻井速度的关键。

固相控制包括利用机械方法，即通过振动筛、除砂器、除泥器、高速离心机等固控设备除去钻井液中较粗的同相颗粒以及利用化学方法，即向钻井液中加入高分子絮凝剂，利用絮凝剂分子的吸附、架桥、包被作用，将钻井液中的细固相颗粒絮凝成粗的团块，以重力作用除去。实际中，将两种方法结合起来，能更有效地控制钻井液中的固相含量。

钻井液絮凝剂是指能使钻井液中的固相颗粒聚集变大的化学剂，主要是水溶性的聚合物，如非离子型聚合物(如聚丙烯酰胺，PAM)和阴离子型聚合物(如部分水解聚丙烯酰胺，

HPAM)是通过桥接一蜷曲的机理起絮凝作用，即聚合物分子可同时吸附在两个或两个以上的颗粒表面，将它们桥接起来，再通过分子链的蜷曲，使这些颗粒发生絮凝。阳离子型聚合物(丙烯酰胺、羟甲基丙烯酰胺与丙烯酰胺基亚甲基三甲基氯化铵共聚物，CPAM)除了通过上述絮凝机理起作用外，还通过电性中和机理起作用，从而有更好的絮凝效果。

虽然上述絮凝剂都有絮凝作用，但它们有各自的特点，如 PAM 是一种非选择性絮凝剂，它可絮凝劣质土(如岩屑，它的表面在水中带有较少的负电荷)，也可絮凝优质土(如膨润土，它表面在水中带有较多的负电荷)，属完全絮凝剂；HPAM 则是一种选择性絮凝剂，由于它有带负电的链节(—COO—)，所以它只能通过氢键吸附在带负电较少的劣质土上，使劣质土絮凝下来，留下优质土；对于带阳离子、非离子链节的 CPAM，由于它的酰胺基和羟甲基可通过氢键吸附在黏土的羟基表面，而其阳离子基团又可通过静电作用吸附在黏土的负电表面，所以它比 PAM 和 HPAM 有更强更快的絮凝作用。

2. 增黏剂

钻井液携带和悬浮钻屑的能力与其流变参数密切相关，为了保证井眼清洁和安全钻进，钻井液的黏度和切力必须保持在一个合适的范围内。当钻井液黏度过低时，可通过增加黏土含量来提高黏度，但在聚合物钻井液中，这会引起钻井液固相含量增大，不利于油气层保护。通常可采用添加增黏剂的方法来提高钻井液黏度。增黏剂均为水溶性高分子化合物，在钻井液中可形成网状结构，能显著提高钻井液黏度。

增黏剂除了起增黏作用外，往往还具有抑制页岩水化和降滤失作用。因此，使用增黏剂不仅可改善钻井液流变性，而且有利于稳定井壁。增黏剂种类很多，如前述的作为降滤失剂和絮凝剂的高分子化合物都有增黏作用。除此之外，重要的增黏剂有黄原胶和羟乙基纤维素。

（1）黄原胶

黄原胶是一种适用于淡水、盐水和饱和盐水钻井液的高效增黏剂，加入量为 0.2% ~ 0.3%时，既可显著提高钻井液的黏度，又有降滤失作用。它的另一显著特点是具有优良的剪切稀释功能，能有效地改进钻井液流型。用它处理的钻井液在高剪切速率下的极限黏度很低，有利于钻速的提高；而在低剪切速率下又具有较高的黏度，使钻井液携带和悬浮钻屑的能力显著提高。黄原胶的抗温能力和抗钙能力也十分突出，其抗温可达 120℃，在 140℃下也不会完全失效；黄原胶优良的抗盐和抗钙能力，使其成为配制饱和盐水和海水钻井液的常用处理剂之一。黄原胶易生物降解，在空气和钻井液中各种细菌的作用下，会因降解而失效，可加入氯酚类杀菌剂配合使用。

（2）羟乙基纤维素

羟乙基纤维素作为增黏剂的显著特点是，在增加钻井液黏度的同时不增加切力，因此在钻井液切力过高致使开泵困难时常被选用。羟乙基纤维素的增黏程度一般与时间、温度和含盐量有关，抗温能力可达 107 ~ 121℃。

3. 乳化剂

配制油包水乳化钻井液需要使用乳化剂，乳化剂的作用有：降低油水界面张力；在油水界面形成具有一定强度的吸附膜；增加油相黏度。在油包水乳化钻井液中，常用的乳化剂有：

$$C_{17}H_{35}-COO$$
$$C_{17}H_{35}-COO$$ Ca

（硬脂酸钙）

$$R-SO_3$$
$$R-SO_3$$ Ca

（烷基磺酸钙）

R——〈 〉——SO_3
R——〈 〉——SO_3 Ca

（烷基苯磺酸钙）

R—〈 〉—COO
R—〈 〉—COO Ca

（环烷酸钙）

$C_{17}H_{33}-C$ O
O—CH_2—CH—CH—CH_2
HO HO—CH—CH—OH
O

（失水山梨糖醇单油酸酯）

用于油包水乳化钻井液的乳化剂都是油溶性表面活性剂，其 HLB 值一般应为 3.5~6.0。乳化剂的有效性还与使用温度、油相组成、水相 pH 值以及含有的电解质等因素有关，因此在实际配制某种油包水乳化钻井液体系时，选用何种乳化剂需通过实验确定。通常选用复配乳化剂效果较好。

4. 起泡剂

泡沫钻井液已广泛应用于钻井工业，其特点是密度低、携砂能力强、滤失量低、保护地层、钻进速率快、钻井质量高，是一种有发展前途的钻井液。由于泡沫钻井液的液相含量低，因此特别适用于水敏地层的钻进。

起泡剂多为表面活性剂，可用于泡沫钻井液的起泡剂有：

$C_{12}H_{25}$—〈 〉—SO_3Na

（十二烷基苯磺酸钠）

$C_{12}H_{25}OSO_3Na$

（月桂醇硫酸钠）

$R-O(CH_2CH_2O)_n SO_3Na$

（脂肪醇聚氧乙烯醚硫酸钠）

$$C_{12}H_{25}-\overset{CH_3}{\underset{CH_3}{N^+}}-CH_2COO^-$$

（十二烷基甜菜碱）

$$C_{18}H_{37}-\overset{CH_3}{\underset{CH_3}{N^+}}-CH_2COO^-$$

（十八烷基甜菜碱）

$$C_{12}H_{25}-\overset{CH_2CH_2OH}{\underset{CH_2CH_2OH}{N^+}}-CH_2COO^-$$

（十二烷基二羟乙基甜菜碱）

$$R-\overset{O}{C}-\underset{CH_3}{N}-CH_2CH_2-SO_3Na$$

（N-烷酰基-N-甲基牛磺酸钠）

磺酸盐和硫酸盐型表面活性剂起泡能力极强，但抗盐、抗钙能力很差，只能作为一般地层钻进的泡沫钻井液起泡剂。甜菜碱型两性表面活性剂起泡能力强、泡沫稳定性好，抗盐、抗钙、抗温能力均较好。用其配制的泡沫钻井液可在任何地层条件下使用，尤其在高温地热井使用效果很好。但甜菜碱型表面活性剂价格较高，使其应用受到限制。起泡剂通常是复配使用，可获得较好的效果。

5. 消泡剂

钻井过程中，有时由于钻井液产生泡沫会使钻井液密度降低，液柱压力下降，若钻遇高压油气层时，容易发生井喷事故。在这种情况下，必须进行消泡处理。此外，使用泡沫钻井液钻进时，从井内返出大量泡沫，往往不能回收再使用，也需要进行消泡处理。

消泡的方法很多，使用消泡剂是一种较好的方法。能消除泡沫的化学剂称为消泡剂。消泡剂通常是降低表面张力能力较强的活性物质，它们能迅速地在泡沫的液膜表面上吸附，取代起泡剂分子，但它们形成的液膜强度很差，从而降低了泡沫的稳定性，使泡沫破坏。

常用的消泡剂有：

$CH_3 \!-\!(CH_2)_3\!-\!\underset{\underset{C_2H_5}{|}}{CH}\!-\!CH_2OH$

（异辛醇）

$CH_3\!-\!\underset{\underset{CH_3}{|}}{CH}\!-\!CH_2\!-\!\underset{\underset{CH}{|}}{CH}\!-\!CH_2\!-\!\underset{\underset{CH_3}{|}}{CH}\!-\!CH_3$

（二异丁基甲醇）

（失水山梨糖醇单油酸酯）

（失水山梨糖醇三油酸酯）

$(C_{17}H_{35}COO)_2Ca$

（硬脂酸钙）

$(C_{17}H_{35}COO)_3Al$

（硬脂酸铝）

$C_4H_9O\!-\!\underset{\underset{OC_4H_9}{|}}{\overset{\overset{O}{\|}}{P}}\!-\!OC_4H_9$

（磷酸三丁酯）

$\underset{\underset{CH_3}{|}}{(\overset{\overset{CH_3}{|}}{Si}\!-\!O)_n}$

（聚二甲基硅氧烷）

$CH_2O\!-\!(C_3H_6O)_{m_1}\!-\!(C_2H_4O)_{n_1}H$
$CH_3\!-\!CHO\!-\!(C_3H_6O)_{m_2}\!-\!(C_2H_4O)_{n_2}H$

（聚氧乙烯聚氧丙烯丙二醇醚，$m_1+m_2=20$，$n_1+n_2=4\sim8$）

上述消泡剂中，醇类消泡剂的消泡速度快，但持久性差；效果较好的是聚硅氧烷类和丙二醇醚类，它们消泡速度快，持久性好，加入量小。聚醚改性硅油和有机氟改性硅油是甲基硅油的两种衍生物，研究表明其具有更强的消抑泡能力、更广泛的环境保护效果，逐步成为有机硅消泡剂领域人们关注的焦点。

6. 润滑剂

润滑剂是指能降低钻具与井壁摩擦阻力的化学剂，其作用是能有效降低泥饼摩擦系数，提高钻井液润滑性，减小扭矩，防止井下卡钻事故发生。这类产品大多为多种材料的复配物。常用的产品主要为液体润滑剂和固体润滑剂。

（1）液体润滑剂

由烷基苯磺酸、聚氧乙烯烷基苯酚醚、聚氧乙烯烷基醇醚、聚氧乙烯硬脂酸酯、甘油三酸酯硬脂酸盐等表面活性剂、植物油和矿物油等混合而成，也可以用工业废料和表面活性剂配制。一些合成的脂肪酸酯或脂肪酸酰胺可以直接作为润滑剂如脂肪酸甲酯(包括油酸甲酯、硬脂酸甲酯等)、脂肪酸多元醇酯(甘油酯、季戊四醇酯等)、脂肪酸甲酰胺、乙酰胺等。

（2）固体润滑剂

主要包括玻璃小球、塑料小球(主要为二乙烯苯和苯乙烯的交联聚合物)和石墨粉等。

7. pH 值调节剂

pH 值调节剂用以减轻腐蚀、结垢，抑制钻井液和地层矿物反应。常用 pH 值调节剂有 NaOH、Na_2CO_3、KOH、富马酸和甲酸等。

8. 解卡剂

解卡剂用以减小摩擦，增加斜井中钻柱接触部位的润滑性。常用解卡剂有肥皂、表面活性剂、石油、Na_2CO_3、玻璃微珠、阳离子 PAM 等。

9. 堵漏剂

堵漏剂是指在钻井过程中用以封堵漏失层，隔离井眼表面和地层，以便在随后的作业中不会再造成钻井液漏失的材料。

堵漏剂主要由活性材料和惰性材料组成：活性材料主要有石灰、水泥、石膏、水玻璃、酚醛树脂、脲醛树脂、可交联高分子聚合物等；惰性材料主要有果壳、蚌壳、蛭石、云母、植物纤维、矿物纤维以及人工合成的热固性树脂薄片等。堵漏还包括一些随钻封堵渗透性漏失的防漏材料。

堵漏剂通常为复配型产品，现场施工中也常常将多种材料配伍使用，此外还有凝胶聚合物等吸水膨胀材料。

第四节　常见的钻井液体系

钻井液体系是指一般地层和特殊地层(如页岩层、盐膏层、页岩层、高温层等)钻井用的各类钻井液。

根据钻井液分散介质(连续介质)的不同，可将其分为：水基钻井液、油基钻井液和气体钻井流体。其中以水基钻井液使用最多，其类别也最多。

这三类钻井液还可按其他标准再分类，如水基钻井液又可按其对页岩的抑制性分为抑制性钻井液和非抑制性钻井液，其中抑制性钻井液又可按处理剂的不同分为钙处理钻井液、钾盐钻井液、硅酸盐钻井液、聚合物钻井液、正电胶钻井液等。

一、水基钻井液

水基钻井液是以水作分散介质的钻井液，由水、膨润土和处理剂配成。它又可进一步分为非抑制性钻井液、抑制性钻井液或水包油钻井液和(水基)泡沫钻井液。

1. 非抑制性钻井液

非抑制性钻井液是以降黏剂为主要处理剂配成的水基钻井液。由于降黏剂是通过拆散黏土颗粒间结构而起降低黏度和切力作用的，所以降黏剂又称为分散剂。非抑制性钻井液又称为分散型钻井液。

这种钻井液具有密度高(超过 $2g \cdot cm^{-3}$)、滤饼致密且坚韧、滤失量低、耐高温(超过 $200℃$)的特点。

由于这种钻井液中黏土亚微米颗粒(直径小于 $1\mu m$ 的颗粒)的含量高(超过固相质量的 70%)，因此对钻井速度有不利的影响。

为保证这种钻井液的性能，要求钻井液中膨润土含量控制在 10% 以内，并且随密度增加和温度升高而相应减少，同时要求钻井液中的盐含量小于 1%，pH 值必须超过 10，以使降黏剂的作用得以发挥。

这种钻井液适用于在一般地层打深井(深度超过 4500m 的井)和高温井(温度在 $200℃$ 以上的井)，但不适用于打开油层、岩盐层、石膏层和页岩层。

2. 抑制性钻井液

抑制性钻井液是以页岩抑制剂为主要处理剂配成的水基钻井液。由于页岩抑制剂可使黏土颗粒保持在较粗的状态，因此，这种钻井液又称为粗分散钻井液。它是为了克服非抑制性钻井液的缺点(亚微米黏土颗粒含量高和耐盐能力差)而发展起来的，可按页岩抑制剂的不同进行再分类，具体如下：

(1) 钙处理钻井液

钙处理钻井液是以钙处理剂为主要处理剂的水基钻井液。可用的钙处理剂包括石灰、石膏和氯化钙等，它们分别称为石灰处理钻井液(又称石灰钻井液)、石膏处理钻井液(又称石膏钻井液)和氯化钙处理钻井液(又称氯化钙钻井液)。

钙处理钻井液具有抗钙侵、稳定页岩和控制钻井液中黏土分散性等特点，能够有效地控制页岩坍塌和井径扩大，减少对油气层的损害。

为了保证这种钻井液的性能，要求石灰处理钻井液的 pH 值在 11.5 以上，质量浓度为 $0.12\sim0.20g \cdot L^{-1}$，过量的石灰(补充与钻屑离子交换所消耗的 Ca^{2+})质量浓度为 $3\sim6g \cdot L^{-1}$；要求石膏处理钻井液的 pH 值为 $9.5\sim10.5$，Ca^{2+} 质量浓度为 $0.6\sim1.5g \cdot L^{-1}$，过量的石膏(也是补充与钻屑离子交换所消耗的 Ca^{2+})质量浓度为 $6\sim12g \cdot L^{-1}$；要求氯化钙处理钻井液的 pH 值为 $10\sim11$，Ca^{2+} 质量浓度为 $3\sim4g \cdot L^{-1}$。

钙处理钻井液需加入少量的降黏剂，使钻井液颗粒处于适度的分散状态，以维持钻井液稳定的使用性能。这种钻井液特别适用于石膏层的钻井。

(2) 钾盐钻井液

钾盐钻井液是以聚合物钾盐或聚合物铵盐和氯化钾为主要处理剂配成的水基钻井液。

钾盐钻井液具有抑制页岩膨胀、分散，控制地层造浆，防止地层坍塌和减少钻井液中黏土亚微米颗粒含量等特点。

为了保证这种钻井液的性能，要求钻井液的 pH 值控制在 $8\sim9$，钻井液滤液中 K^+ 的质量浓度大于 $18g \cdot L^{-1}$。钾盐钻井液主要用于页岩层的钻井。

（3）盐水钻井液

用盐水或海水配制而成的钻井液，以盐（氯化钠）为主要处理剂，盐的质量浓度从 $10g \cdot L^{-1}$（其中 Cl^- 的质量浓度约为 $6g \cdot L^{-1}$）直到饱和（其中 Cl^- 的质量浓度约为 $180g \cdot L^{-1}$）。其特点是有较强的抑制黏土水化分散的作用。

当钻井液中氯化钠的含量接近饱和时，称欠饱和盐水钻井液，达到饱和时就形成了饱和盐水钻井液体系。

盐水钻井液具有耐盐，耐钙、镁离子，对页岩层稳定能力强，滤液对油气层伤害小等特点。

为了保证这种钻井液的性能，在配制钻井液时，最好使用耐盐黏土（如海泡石）和耐盐，耐钙、镁离子的处理剂。为了防止盐水对钻具的腐蚀，应加入缓蚀剂。对饱和盐水钻井液，还应加入盐结晶抑制剂，以防止盐结晶析出。

盐水钻井液适用于海上钻井或近海滩及其他缺乏淡水地区的钻井。饱和盐水钻井液主要用于岩盐层、页岩层和岩盐与石膏混合层的钻井，也适用于强水敏性地层的钻井。

（4）硅酸盐钻井液

硅酸盐钻井液是以硅酸盐为主要处理剂配成的水基钻井液。

由于硅酸盐中的硅酸根可与井壁表面和地层水中的钙、镁离子反应，产生硅酸钙、硅酸镁沉淀并沉积在井壁表面形成保护层，因此，硅酸盐钻井液具有抗钙侵和控制页岩膨胀、分散的能力。使用时，要求钻井液 pH 值为 11~12，因为 pH 值低于 11 时，硅酸根会转变为硅酸而使处理剂失效。

硅酸盐钻井液特别适用于石膏层和石膏与页岩混合层的钻井。

（5）聚合物钻井液

以具有絮凝和包被作用的高分子聚合物（以下简称高聚物）作为主处理剂的水基钻井液体系。其特点是各种固相颗粒可以保持在较粗的范围内，钻屑不易分散成细微颗粒。钻井液密度和固相含量低，钻速高，地层损害小，剪切稀释特性强，由于聚合物处理剂有较强的包被、絮凝和抑制分散的能力，有利于钻井液清洁和井壁稳定。

聚合物钻井液又称为不分散钻井液。

根据所使用的聚合物，聚合物钻井液又可分为以下几类：

① 阴离子型聚合物钻井液 这是以阴离子型聚合物为主要处理剂配成的水基钻井液。这种钻井液具有携岩能力强，黏土亚微米颗粒少、水眼黏度（指钻头水眼处高剪切速率下的黏度）低、对井壁有稳定作用和油气层有保护作用等特点。为保证这种钻井液的性能，要求钻井液的固相含量不超过 10%（最好小于 4%）；固相中的岩屑与膨润土的质量比控制在（2~3）：1 的范围；钻井液的动切力与塑性黏度之比控制在 $0.48Pa/(mPa \cdot s)$ 附近。这种钻井液适用于井深小于 3500m，井温低于 150℃地层的钻井。

② 阳离子型聚合物钻井液 这是以阳离子型聚合物为主要处理剂配成的水基钻井液。由于阳离子型聚合物有桥接和中和页岩表面负电性的作用，所以它有很强的稳定页岩的能力。此外，还可加入阳离子型表面活性剂，它可扩散至阳离子型聚合物不能扩散进去的黏土晶层间，起稳定页岩的作用。阳离子型聚合物钻井液特别适用于页岩层的钻井。

③ 两性离子聚合物钻井液 这是以两性离子聚合物为主要处理剂配成的水基钻井液。

由于两性离子聚合物中的阳离子基团可起到阳离子型聚合物稳定页岩的作用，而阴离子基团可通过它的水化作用提高钻井液的稳定性，加上这种聚合物与其他处理剂的配伍性好，从而使这种钻井液成为一种性能优异的钻井液。

④ 非离子型聚合物钻井液　这是一种以醚型聚合物为主要处理剂配成的水基钻井液。这种钻井液具有无毒、无污染、润滑性能好、防止钻头泥包和卡钻的能力强、对井壁有稳定作用、对油气层有保护作用等特点，特别适用于海上钻井和页岩层的钻井。

⑤ 钾基聚合物钻井液　以各种聚合物的钾（或铵、钙）盐和KCl为主处理剂的防塌钻井液体系。其特点是体系中的KCl具有很强的抑制黏土水化分散的能力。由于钾离子的抑制和聚合物的包被作用，使体系在保证钻井液的各种优良性能的同时，对泥页岩地层具有良好的防塌效果。

（6）正电胶钻井液

正电胶钻井液是以正电胶为主要处理剂的水基钻井液。这种钻井液具有携岩能力强、稳定井壁性能好，对油气层有保护作用等特点，适用于水平井钻井和打开油气层。

3. 水包油型钻井液

若在水基钻井液中加入油和水包油型乳化剂，就可配成水包油型钻井液。

配制水包油型钻井液的油可用矿物油或合成油。前者主要为柴油或机械油（简称机油），其中影响测井的荧光物质（芳香烃物质）可用硫酸精制法除去；后者主要为不含荧光物质的有机化合物。

在使用时要求上述合成油的性质与矿物油的性质相近，即25℃时密度为 $0.76 \sim 0.86 \mathrm{g \cdot cm^{-3}}$，黏度为 $2 \sim 6 \mathrm{mPa \cdot s}$。

配制水包油型钻井液的乳化剂都是水溶性表面活性剂，如烷基磺酸钠、烷基醇硫酸酯钠盐、聚氧乙烯烷基醇醚等。

水包油型钻井液具有润滑性能好、滤失量低、对油气层有保护作用等特点。

水包油型钻井液适用于易卡钻或易产生钻头泥包地层的钻井。

4. 泡沫钻井液

若在水基钻井液中计入起泡剂并通入气体，就可配成泡沫钻井液。由于它以水作分散介质，所以属于水基钻井液。

配制泡沫钻井液的气体可用氮气和二氧化碳。

配制泡沫钻井液的起泡剂可用水溶性表面活性剂，如烷基磺酸钠、烷基苯磺酸钠、烷基硫酸酯钠盐、聚氧乙烯烷基醇醚、聚氧乙烯烷基醇醚硫酸酯钠盐等。

泡沫钻井液中的膨润土含量由井深和地层压力决定。泡沫钻井液具有摩阻低、携岩能力强、对低压油气层有保护作用等特点。为了保证这种钻井液的性能，要求钻井液在环控中的上返速度大于 $0.5 \mathrm{m \cdot s^{-1}}$。

泡沫钻井液主要用于低压易漏地层的钻井。

二、油基钻井液

油基钻井液是以油作分散介质的钻井液，由油、有机土和处理剂组成。它包括纯油基钻井液和油包水型钻井液。油基钻井液的特点是抗高温能力强，有很强的抑制性和抗盐、钙的污染能力，且润滑性好，能有效地减轻对油气层的伤害。目前国内已经在强水敏性地层和页岩气水平井钻井中广泛应用油基钻井液。

可按水的含量将油基钻井液分成纯油相钻井液和油包水型钻井液。

1. 纯油相钻井液

油基钻井液中将水含量小于10%的油基钻井液称为纯油相钻井液。

配制纯油相钻井液的油可用矿物油(如柴油、机油等)和合成油(如直链烷烃、直链烯烃、聚α-烯烃等)。配制纯油相钻井液的有机土是用季铵盐表面活性剂处理的膨润土。季铵盐型表面活性剂在膨润土颗粒表面吸附，可将表面转变为亲油表面，从而使其易在油中分散。

配制纯油相钻井液主要使用的处理剂为降滤失剂(如氧化沥青)和乳化剂(如硬脂酸钠)。

纯油相钻井液具有耐温、防塌、防卡、防腐蚀、润滑性能好和保护油气层等特点，但缺点是成本高、污染环境和不安全。

纯油相钻井液适用于页岩层、岩盐层和石膏层的钻井，并特别适用于高温地层钻井和打开油气层。

2. 油包水型钻井液

若在纯油相钻井液中加入水(含量大于10%)和油包水型乳化剂，就可配成油包水型钻井液。配制油包水型钻井液的乳化剂主要是油溶性表面活性剂。

油包水型钻井液同样具有纯油相钻井液的特点，但它的成本低于纯油相钻井液。油包水型钻井液有与纯油基钻井液相同的使用范围。

合成基钻井液是指以合成的有机化合物作为连续相，盐水作为分散相，并含有乳化剂、降滤失剂、流型改进剂的一类油包水型钻井液。其特点是使用无毒并且能够生物降解的、非水溶性的有机物取代了油基钻井液中柴油、白油等，使其不仅保持油基钻井液的优良特性，而且大大减轻了钻井液排放时对环境造成的不良影响，尤其适合于海上钻井以及对环保要求高的地区钻井。

三、气体钻井流体

气体钻井是近几年新发展起来的一种欠平衡钻井方式，用气体压缩机向井内注入压缩气体，依靠环空高压气体的能量，把钻屑从井底带回地面，并在地面进行固/气体分离，将分离出的可燃气体燃烧释放、除尘、降噪的一种钻井方式。气体钻井不但可用于油气钻井，近年来还用于煤层气钻井。起钻井液作用的气体(如空气、天然气)称为气体钻井流体。和传统钻井液相比，其特点是能够提高机械钻速，减少或避免井漏，延长钻头寿命，减少井下复杂事故，减少完井增产措施，降低钻井综合成本，保护油气产层，增加油气产量。

为保证岩屑的携带，气体钻井流体的环空上返速度必须大于$15m \cdot s^{-1}$。

气体钻井流体具有提高钻速和保护油气层等优点，但存在干摩擦和易着火或爆炸等缺点，地层出水后也易造成卡钻、井塌等事故。

气体钻井流体适用于漏失层、低压油气层及严重缺水地区的钻井。

在目前情况下，钻井还离不开钻井液，即使是采用空气钻井(因为空气钻井钻遇出水时转化雾化、泡沫、向钻井液转换时的井壁稳定等，都需要从钻井液方面采取措施）也不例外。可以说没有钻井液，钻井作业就不能安全、顺利实施。钻井液的复杂问题也会引起钻井过程中的一系列复杂问题，钻井液同时也是解决复杂问题的"平台"，即多数复杂问题的解决都离不开钻井液的平台作用。

在钻井过程中如果能够真正地重视钻井液，将会更有利于安全快速钻井，减少井下复杂情况的发生。可见，准确理解钻井液在钻井工程中的作用，对钻井液选择、应用以及钻井液复杂情况预防与处理很重要。

思考题

【1-1】解释不同种类黏土矿物膨胀性不同的原因。

【1-2】分析钻井液性质与功能间的关系，举例说明。

【1-3】分析影响钻井液滤失量的因素。

【1-4】举例说明并分析钻井液降滤失剂的作用原理。

【1-5】钻井液中的固相有哪些？对钻井液性能的影响如何？

【1-6】页岩膨胀抑制剂的作用机理是什么？

第二章　水泥浆化学

水泥浆是固井中使用的工作液。固井是油井建设过程中的重要环节。固井质量的好坏直接关系到油井能否继续钻进以及以后的完井、采油、修井等各项作业。固井质量较差的会引起地层损害、水窜、气窜，降低原油采收率。在我国，有许多深井由于固井质量不好引起气窜、水窜甚至水淹油气层，造成油气井无法开采，造成严重的经济损失。

固井作业有两个主要环节，即下套管和注水泥。下套管是在钻完一段井眼后起出钻杆将套管下入井内，而注水泥则是将水泥与水混合成水泥浆，并把它沿套管送到套管外环形空间后凝固，使套管与地层固结在一起。

第一节　水泥浆的功能与组成

一、水泥浆的功能

水泥浆的功能是固井。固井可达到下列目的：

（1）固定和保护套管

钻井过程中所下的套管，都必须通过固井作业将它固定起来。此外，套管外的水泥石可减小地层对套管的挤压，起保护套管的作用。

（2）保护高压油气层

当钻井到高压油气层时，易发生井喷事故，要提高钻井液密度以平衡地层压力，钻完高压油气层后，必须下套管固井，将高压油气层保护起来。

（3）封隔严重漏失层和其他复杂层

当钻井到严重漏失层时，可采取降低钻井液密度或加堵漏材料的方法钻井，钻完严重漏失层后，也必须下套管固井，将它封隔起来，使它不影响后面的钻井。当钻井到其他复杂层（如易坍塌地层）时，也应在钻完该层后下套管固井。

二、水泥浆的组成

水泥浆由水、油井水泥、化学处理剂组成，油井水泥是最重要、最主要的成分。油井水泥是一种凝固快且在较短时间内便有相当高机械强度的特种水泥，属硅酸盐水泥。广泛用于封隔油气水层，保护生产层，封隔严重漏失层或其他复杂地层，支撑和保护套管及封隔井壁，处理喷、漏、塌等围井及油井大修施工。

1. 油井水泥的基本要求

① 水泥能配成流动性良好的水泥浆，这种性能应在从配制开始到注入套管被顶替到环形空间内的一段时间里始终保持。

② 水泥浆在井下的温度及压力条件下保持稳定性。

③ 水泥浆应在规定的时间内凝固并达到一定的强度。

④ 水泥浆应能和外加剂相配合，可调节各种性能。

⑤ 形成的水泥石应有很低的渗透性能等。

2. 油井水泥的主要成分

① 硅酸三钙：$3CaO \cdot SiO_2$，简写为 C_3S，是油井水泥的主要成分，一般的含量为 40%~65%（质量分数），它对水泥的强度，尤其是早期强度有较大的影响。

② 硅酸二钙：$2CaO \cdot SiO_2$，简写为 C_2S，它的含量一般为 24%~30%（质量分数）。它是一种缓慢水化矿物，其水化反应缓慢，强度增长慢，因此对水泥石后期强度影响较大。

③ 铝酸三钙：$3CaO \cdot Al_2O_3$，简写为 C_3A，它是促进水泥快速水化的化合物，是决定水泥初凝和稠化时间的主要因素。它对水泥的最终强度影响不大，但对水泥浆的流变性及早期强度有较大影响。它对硫酸盐极为敏感，因此抗硫酸盐的水泥应控制其含量在 3%（质量分数）以下，但对于有较高早期强度的水泥，其含量可达 15%（质量分数）。

④ 铁铝酸四钙：$4CaO \cdot Al_2O_3 \cdot Fe_2O_3$，简写为 C_4AF，它对强度影响较小，水化速度仅次于 C_3A，早期强度增长较快，含量为 8%~12%（质量分数）。

上述四种组分水化后的抗压强度随时间变化如图 2-1 所示。图中的抗压强度是将一定尺寸的水泥试样在自动加荷的强度试验机中垂直受力直到破坏测得的。

从图 2-1 可以看到，水泥水化后的早期强度主要取决于硅酸三钙，晚期强度主要取决于硅酸三钙和硅酸二钙，而铝酸三钙和铁铝酸四钙对早期强度和晚期强度的影响都较小。

此外油井水泥中还含有石膏、碱金属硫酸盐、氧化镁和氧化钙等，这些组分对水泥水化速率和水泥固化后的性能都有一定的影响。

上述四种水泥熟料及少量石膏是决定水泥强度、凝结时间等性质的主要因素。根据它们之间的配比以及制备工艺的变化，可得到不同性质和标号的水泥。

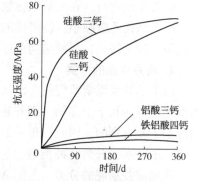

图 2-1　油井水泥各组分水化后的抗压强度随时间变化

油井水泥由石灰石、黏土、页岩及铁矿石按一定比例混合，在 1400~1600℃高温下煅烧成熟，迅速冷却后研磨成细粉状而形成，只有遇到水才会逐渐凝固形成一定强度的水泥石。

3. 油井水泥的水化固化过程

水泥加水拌和后，发生水化水解作用，形成具有胶体性质的可塑性物质，再逐渐由凝结过程而趋硬化，产生强度。这是一系列复杂的化学、物理化学及物理现象的总和。

油井水泥主要是含钙的硅酸盐、铝酸盐和铁铝酸盐的集合体。水化时，它们不可避免地要产生相互作用。

(1) 硅酸钙矿物的水化作用

当 C_3S 和 C_2S 水化时，会析出大量 $Ca(OH)_2$，因此，水化是在饱和的石灰溶液中进行的，其常温反应式为

$$C_3S(C_2S)+12H_2O \longrightarrow 2CaO \cdot SiO_2 \cdot nH_2O+Ca(OH)_2$$

(2) 铝酸钙矿物的水化作用

C_3A、C_4AF 的水化过程和产物也受用水量和溶液中氢氧化钙浓度影响，反应式为

$$C_3A+nH_2O \longrightarrow C_3A \cdot nH_2O$$

$$C_4AF+nH_2O \longrightarrow 3CaO \cdot Al_2O_3 \cdot n_1H_2O+Fe_2O_3 \cdot n_2H_2O$$

可见油井水泥水化产物主要是氢氧化钙、水化硅酸钙、碱度较高的含水铝酸钙和含水铁酸钙和硫铝酸钙。加入调节凝结时间的石膏(2%~6%)，可形成提高水泥早期强度的硫铝酸钙 $3CaO \cdot Al_2O_3 \cdot 3CaSO_4 \cdot 31H_2O$。

油井水泥水化固化过程可以分为溶胶期、凝结期和硬化期三个过程。

油井水泥遇水后，首先在颗粒表面发生水化反应，水化产物逐渐增加，达到饱和后，水化产物中有一部分以胶态粒子或者细小晶体析出，使水泥成为溶胶体系。一般情况下，氢氧化钙析出形成粗大晶体，硫铝酸钙晶体较小，含水铝酸钙形成更小晶体状态，而含水硅酸钙和含水铁铝酸钙为无定形凝胶，这些晶体和胶体就构成了水泥石的结构，此过程称为溶胶期。

随着水化作用的继续进行，胶体颗粒显著增加，水泥水化后形成的各种水合物相互之间反应，形成了长纤维状晶体硅酸钙水合物，在水泥颗粒之间架桥，并逐渐聚结构成了凝胶网状结构，从而水泥浆丧失流动性而很快凝固，此为凝结期。

随着反应进行，在大量水化物晶体互相连接的同时，凝胶内部继续水化，吸收大量水分，网状结构孔隙减小，新形成的硅酸钙水合物以大量的短纤维形式出现充填于孔隙空间，结构强度显著提高，凝胶结构便逐渐硬化，形成水泥石，这就是硬化期。

4. 油井水泥的分类

由于油井水泥要适应的井深从几百米到几千米，井下温度变化范围可达 100℃以上，压力变化值可达几十个兆帕，固井施工所用时间可以从几十分钟到几个小时，要适应的井下情况是千差万别的。因此，单一品种的油井水泥是无法满足工程需要的。针对不同的工艺要求，油井水泥分为几种类型。

我国油井水泥的分类与美国 API(美国石油学会)的标准接近。

(1) API 油井水泥的分类。

按 API(American Petroleum Institute)标准，把油井水泥分为 9 类，即 A、B、C、D、E、F、G、H、J 级，其中 A、B、C 级为基质水泥，D、E、F 级水泥在烧制时允许加入调节剂，G、H 级允许加入石膏。

(2) 我国油井水泥的分类

我国油井水泥早期按冷井和热井分类，由于钻井深度越来越高，逐步开始按温度分类，

油井水泥可分为45℃、75℃、95℃和120℃等四个级别。油井水泥属于硅酸盐水泥（又称为波特兰水泥），我国参照美国API对油井水泥的分类以及国内的实际情况，在实施的最新标准中将API油井水泥分为8个级别：A级、B级、C级、D级、E级、F级、G级、H级。此外，还有微细油井水泥、G级抗高温油井水泥、快凝早强油井水泥。

A级适用于无特殊要求的浅层固井作业，配制的水泥浆体系也较为简单，一般与水按要求的比例混合即可，大庆、吉林、辽河油田用量较大。B级具有抗硫酸盐的作用，适用于需抗硫酸盐的浅层固井作业，国内很少使用。C级具有低密高强的特点，适用于配置低密度水泥浆封固浅层油气层，由于固井设计的缘故几乎没有使用。D级、E级和F级又称为缓凝油井水泥。D级的生产工艺复杂、成本高，加上有其他级别的油井水泥替代现使用量逐渐下降，目前，我国还没有使用E级和F级油井水泥。G级、H级油井水泥又称为基本油井水泥，具有抗硫酸盐性能，加入化学处理剂可以适用于大多数固井作业，这两类油井水泥是我国用量最大的油井水泥。

微细油井水泥的粒子平均直径为$3\sim6\mu m$，其特点是能够渗透到API油井水泥不能到达的区域，可用于挤水泥、消除砾石层出水、修复套管泄漏区、封堵地层出水通道以及小间隙固井。G级抗高温油井水泥是G级抗高温水泥与硅粉按一定比例混合的产品，用于井底温度大于110℃的深井、温度过高的蒸汽注入井以及蒸汽采油井的固井。快凝早强油井水泥适用于低温地层的固井。

5. 化学处理剂的分类

在水泥浆中加入化学处理剂是为了调节水泥浆的性能。化学处理剂又分为外加剂（加量小于等于5%水泥浆质量）和外掺料（加入量大于5%水泥浆质量）。

若按用途分类，可将水泥浆外加剂与外掺料合在一起分成7类，即水泥浆促凝剂、水泥浆缓凝剂、水泥浆减阻剂、水泥浆降滤失剂、水泥浆膨胀剂、水泥浆密度调整外掺料和水泥浆防漏外掺料。

第二节　水泥浆外加剂

由于井段地层的复杂性，固井工艺中使用单一的水泥浆已无法满足需要，必须在其中加入各种外加剂来控制、调整水泥浆的性能，以满足各种类型和复杂地层的井眼的固井要求。

常用的外加剂有促凝剂、缓凝剂、减阻剂、降滤失剂、堵漏剂等。

一、促凝剂

当水与水泥混合后便开始发生水化反应，在水化过程中水泥浆逐渐变稠，这就是水泥浆稠化。如果稠化严重，水泥浆不能输送到固井的地层，因此，要使水泥浆稠化时间比施工时间（即从配浆到水泥浆注入井底而上返到预定高度的时间）长，必须控制施工时间。施工时间以固井的深度而定，如固浅层、表层套管及高寒地区的固井，施工时间短，要求尽量缩短水泥浆稠化时间，所以必须加入促凝剂。

能加速水泥水化反应(稠化)、缩短水化反应时间、提高水泥早期强度的外加剂称作促凝剂或速凝剂。

常用的水泥促凝剂包括无机化合物、有机化合物及其复合物。

1. 无机促凝剂

氯化钙、氯化镁、氯化钠、氯化铵、碳酸盐、三氯化铝、硅酸盐、硝酸盐、硫酸盐、硫代硫酸盐以及钾、钠、铵等的氢氧化物等无机化合物。其中氯化钙是最有效、最经济的促凝剂,其正常加入量为 2%~4%,在 50℃时,它可将稠化时间从 150min 降至 60min。因为氯化钙能改变硅酸钙的凝结结构,使水分子的渗透性增强,缩短水化时间,对胶粒有破坏作用,使胶粒间易于聚结、凝聚。不过,氯化钙的加量不宜超过 6%,否则会引起水泥浆的瞬凝。

2. 有机促凝剂

可作为油井水泥促凝剂的有机化合物有:草酸钙[$Ca(HCOO)_2$]、甲酰胺($CHONH_2$)、草酸($H_2C_2O_4$)、三乙醇胺[$N(C_2H_4OH)_3$]。

大量实验表明,有机与无机化合物构成的复合促凝剂效果更好。例如,1%亚硝酸钠($NaNO_2$)、2%二水石膏($CaSO_4 \cdot 2H_2O$)和 0.05%三乙醇胺[$N(C_2H_4OH)_3$]所配制成的复合外加剂,就是一种较好的促凝剂。

目前关于促凝剂的作用机理有许多说法。总的来说,认为促凝剂促进了水化反应。对于不同的促凝剂,可能作用的方式不同。例如,对于氯化钙,它可以改变硅酸钙的凝胶结构,使水分子对 C—S—H 层的渗透性增加,加速水化反应。另外有文献指出,在氢氧化钙、硫酸钙和铝酸三钙存在时加入氯化钙,可生成硫铝酸盐和氯铝酸复盐,这些难溶物质的溶度积效应可加速水泥组分的溶解,促使水化物更快地结晶析出。同时氯化钙作为电解质对水泥颗粒的双电层有较强的压缩作用,使得 ζ 电位降低,凝聚能力提高。有机促凝剂,如三乙醇胺可通过降低水的表面张力,加速水对水泥颗粒的润湿和渗透,加快水化进程。

二、缓凝剂

水泥缓凝剂是指能延缓水泥浆稠化时间的外加剂。对于深井或地温高的井需延缓水泥浆稠化时间,需要加入缓凝剂以保证有足够的施工时间。

常用的缓凝剂有铁铬木质素磺酸盐、改性纤维素、单宁衍生物、羟基羧酸盐、有机膦酸盐等。

1. 铁铬木质素磺酸盐

铁铬木质素磺酸盐是国内最常用的一种油井水泥缓凝剂,特别是在油井水泥质量较差的情况下,用它能够收到良好的效果,能够满足 3000~5000m 固井施工要求。它还有减阻作用,但是铁铬盐存在环境污染问题。

2. 改性纤维素

这类缓凝剂主要是羧甲基纤维素(CMC)和羧甲基羟乙基纤维素(CMHEC),是较常用的油井水泥缓凝剂。它们虽然对深井作用是有效的,但有一极限位,温度接近于 170℃,效果变差。

3. 单宁衍生物

单宁衍生物缓凝剂主要是单宁酸钠和磺甲基单宁。单宁酸钠可用作井深为 2500~3500m 的油井水泥缓凝剂。磺甲基单宁是油井水泥良好的缓凝剂，并能改善水泥浆流动性，稍降失水，抗温性好，常用于 4000~5500m 井深。

4. 羟基羧酸盐

羟基羧酸盐主要有葡萄糖酸钙和葡萄糖酸钠、酒石酸盐、柠檬酸盐等。葡萄糖酸钠易溶于水，葡萄糖酸钙溶于沸水，均对油井水泥浆具有较稳定的高温缓凝性能，没有反常促凝现象，并能改善水泥浆流动性，对强度无损害。酒石酸盐也是一种高温有机缓凝剂，抗温可达 170℃ 左右，用于 4000~7000m 深井。其他如乳酸、水杨酸、苹果酸、柠檬酸及其盐等均可作为缓凝剂。

$$
\begin{array}{c}
\quad\quad\quad\quad\quad OH \\
(CH_2-CH-CH-CH-CH-COO)_2Ca \cdot H_2O \\
\quad\; OH \quad OH \quad OH \quad\quad OH
\end{array}
$$

（葡萄糖酸钙）

$$
\begin{array}{c}
\quad\quad\quad\quad OH \\
CH_2-CH-CH-CH-CH-COONa \cdot H_2O \\
\; OH \quad OH \quad OH \quad\quad OH
\end{array}
$$

（葡萄糖酸钠）

$$
\begin{array}{c}
HO-CH-COOH \\
HO-CH-COOM
\end{array}
\qquad\qquad
\begin{array}{c}
CH_2-COOH \\
HO-C-COOM \\
CH_2-COOH
\end{array}
$$

（酒石酸盐）　　　　　　　　（柠檬酸盐）

5. 有机膦酸盐

有机膦酸盐类缓凝剂适用范围广，适用于不同级别的水泥，并适用于各种不同的水质（淡水、盐水、海水和高矿化度水），适用温度范围较宽（40~204℃），是一类较理想的缓凝剂，常与其他外加剂复合使用抗 280℃ 以上的高温。

$$
\begin{array}{c}
PO_3M_2 \\
CH_3C-OH \\
PO_3H_2
\end{array}
\qquad\qquad
\begin{array}{c}
H_2O_3PCH_2 \\
\qquad\qquad N-CH_2PO_3M_2 \\
H_2O_3PCH_2
\end{array}
$$

（羟基乙叉二膦酸盐）　　（氨基三甲叉膦酸盐）

关于缓凝剂的作用机理目前主要有以下几种观点：

（1）吸附理论

该理论认为，缓凝剂分子吸附在水化物表面，阻止了水泥颗粒与水的进一步接触。

（2）沉淀理论

该理论认为，缓凝剂分子与水化液相中的钙离子或氢氧根离子反应，在水泥颗粒表面

生成了不溶性、非渗透性沉淀层，阻止了水分子的渗透水化作用。

（3）晶核生成抑制理论

该理论认为，缓凝剂分子吸附在水化产物晶体表面上，毒化了晶体的成核过程，抑制了 C-S-H 的形成，从而阻止了晶体的生长，延缓了水泥的水化反应。

（4）螯合理论

该理论认为，缓凝剂分子与液相中的钙离子发生了螯合作用，阻止了氢氧化钙晶核的生成，从而阻碍了水化反应的进行。

例如，木质素磺酸盐分子中的磺酸基可吸附在硅酸钙凝胶颗粒表面上。吸附的结果一方面使颗粒表面疏水；另一方面参与了水化物结构的形成，使渗透性降低，阻止了水化。此外，它可与钙离子作用生成磺酸钙，阻止氢氧化钙晶体的生成，并使晶体尺寸和晶形发生变化，从而延缓水泥的水化。再例如，一些羟基羧酸（盐）分子可吸附在水泥颗粒表面，降低水泥的水化速度，同时酸根与钙离子生成微溶性钙盐沉淀，降低液相钙离子浓度，从而延缓水泥浆的凝结等。

三、减阻剂

减阻剂又称分散剂，紊流引导剂。用于减少拌和水用量，降低水灰比和改善水泥浆的流动性，或者说，降低水泥浆的表观黏度，有利于水泥在低压低速进入紊流状态，提高注水泥质量和驱替效率。普通硅酸盐水泥只需 0.277 的水灰比即可充分水化。而为了保证水泥浆在井内的流动性，常将水灰比增大到 0.44~0.5 而减阻剂可将水灰比降至 0.3~0.4。

常用的减阻剂有木质素磺酸盐、腐殖酸改性产物、磺化苯乙烯-顺丁烯二酸酐共聚物、乙烯基单体聚合物、聚萘磺酸、磺化密胺树脂等。这里仅就聚萘磺酸、磺化密胺树脂作详细介绍。

1. 聚萘磺酸

这类分散剂中最具代表性的是 β-萘磺酸甲醛缩合物，其特点是：分散效果好，对水泥浆的增密作用强；引气量少，早期强度发展较快；适用于多种油井水泥，与其他外加剂有良好的相容性；耐温性超过普通的木质素磺酸盐。

β-萘磺酸甲醛缩合物是以萘为原料，经磺化、缩合反应而生成的。萘的磺化可用浓硫酸或发烟硫酸为磺化剂，在低温（60℃）时主要生成 α-萘磺酸，在高温（165℃）时则生成 β-萘磺酸。

β-萘磺酸甲醛缩合物的结构如下：

$$\left[\!\!\begin{array}{c}\ \\ SO_3Na\end{array}\!\!-CH_2-\!\!\begin{array}{c}\ \\ SO_3Na\end{array}\!\!\right]_n\!\!-H$$

2. 磺化密胺树脂

密胺树脂是一种水溶性聚合物，其化学名称为三聚氰胺甲醛树脂。它是由三聚氰胺与甲醛在一定条件下生成三羟甲基三氰胺，然后与亚硫酸氢钠作用生成三羟甲基三氰胺聚磺酸盐，再经聚合得到磺化密胺树脂。

(磺化密胺树脂)

磺化密胺树脂其特点是分散减阻效果更明显，且无缓凝作用。它和萘系分散剂一样，具有稳定的六元共轭环结构，亲水基团为磺甲基，比一般分散剂的磺酸基有更强的水化作用。其不足之处是价格较高，限制了它的推广应用。

水泥浆的流动性能取决于水泥浆的水灰比和水泥颗粒之间的相互作用，而水泥颗粒之间的相互作用主要与颗粒表面电荷分布有关。水泥减阻剂能够调节颗粒表面的电性以获得理想的流变性能。

减阻剂主要对水泥颗粒电学性质产生影响，使水泥浆黏度下降，流动性增强，从而实现低速紊流注入。减阻剂还可改变水泥石微观孔隙结构，生成较多的微孔隙，使水泥石结构更为密实，提高水泥的耐久性。

水泥中不同组分在水化后带有不同电荷，如硅酸三钙和硅酸二钙水化后释放出钙离子而带负电；而铝酸三钙和铁铝酸四钙则易吸附钙离子带正电。研究表明，水化水泥颗粒表面的不同部位可带有不同电性，即颗粒的某一部位带正电，另一部位带负电，这样电性不同的水泥颗粒相互作用，形成网状絮凝结构并圈闭了一部分自由水，从而使水泥浆流动性变差，屈服值升高。

减阻剂大多是在水中能解离出负电基团的表面活性剂或高分子化合物。减阻剂通过吸附作用使颗粒表面负电荷增大，最终完全带负电。也就是说，减阻剂通过吸附作用使水泥颗粒表面带同种电荷而相互排斥，达到分散减阻作用。实验证实，当吸附达饱和时，ζ 电位达最大值，屈服值为零。

此外，减阻剂分子都有多个极性基团，吸附在水泥颗粒表面后，还有部分极性基团朝向液相，通过分子间力和氢键与水分子缔合，形成较厚的溶剂化层，这种溶剂化层也阻止了颗粒的相互接触，达到分散减阻作用。

四、降滤失剂

用于控制水泥浆的滤失速率以维持水灰比不变的外加剂，形成薄胶或胶体颗粒，阻止水泥浆内自由水析出或先期脱水。

由于泵送施工工艺要求，水泥浆的水灰比在 0.4~0.5，水在水泥浆中起分散介质的作用。注水泥浆施工通常需要几小时，候凝时间则更长。在此期间，水泥浆中的自由水一部分要参加水化反应，一部分则在液柱和地层压差作用下滤失到地层中。过多的水分滤失到

地层中去，会造成许多危害。例如，水分滤失的同时可使大量的钙离子渗入地层，若地层水中含有硫酸根或碳酸根，就会与钙离子产生沉淀堵塞地层，造成地层伤害。一些细小的水泥颗粒也可随滤失水分进入地层孔隙，引起更为严重的物理堵塞。水分滤失会使水泥浆变稠，导致流动性变差，增大泵压。如果遇到高渗透地层，失水过多会使水泥浆出现早凝或瞬凝，影响正常施工。过多的水分滤失也是造成气窜的主要原因之一。若气层上有高渗透层，水泥浆高失水后，泥饼将桥堵于高渗透层附近并支撑上部液柱压力，造成气层井段水泥浆的有效压力降低，一旦该压力低于一定值，气层中的气体即可窜入水泥浆发生气侵，严重时甚至发展到整个环形空间被气体窜通，使固井失败。

常用的降滤失剂有羧甲基纤维素、羟乙基纤维素、羧甲基羟乙基纤维素、丙烯酰胺-丙烯酸共聚物、聚乙烯吡咯烷酮、聚乙烯醇、磺化聚苯乙烯、聚乙二胺等高分子化合物以及膨润土、石灰石、沥青粉、热塑性树脂、聚合物微粒(乳胶)等超细颗粒材料。上述固体颗粒一般比水泥颗粒更细微，用来调整水泥浆中粒子间的级配，以便快速堵塞滤饼的孔隙，形成低渗水泥浆滤饼；这是降低滤失的重要方法之一，但更多的则是使用水溶性聚合物降滤失剂来控制水泥浆的失水。

1. 固体颗粒

最早用于水泥浆降失水的颗粒性材料是膨润土。这种黏土的颗粒尺寸极小，可以进入到水泥浆滤饼之间，从而降低滤饼的渗透性能，降低了水泥浆的失水量。类似于膨润土而用于水泥浆降失水的颗粒材料还包括：碳酸盐细粉、沥青、石英粉、火山灰、飞尘、硅藻土、硫酸钡细粉、滑石粉、热塑性树脂等。超细的颗粒材料通常分散于其他水溶性高分子中或与其他材料复配后作为水泥浆降滤失剂。

2. 水溶性聚合物

除颗粒材料外，使用更多的是水溶性聚合物化合物，它包括天然聚合物改性产物和合成聚合物化合物。天然聚合物改性产物原料丰富，价格低廉，在石油工业中有着广泛的用途。常用的有纤维素、木质素、淀粉、褐煤、单宁的改性产物等，这些天然聚合物改性产物在钻井液处理剂中已经介绍，在此不再赘述。

$$\!-\!(CH_2\!-\!CH)_m\!(CH_2\!-\!CH)_n\!-$$

CONH

CH₃—C—CH₃

CH₂SO₃Na

(2-丙烯酰胺基-2-甲基丙磺酸钠—苯乙烯共聚物)

$$\!-\!(CH_2\!-\!CH)_m\!(CH_2\!-\!CH)_n\!-$$
CONH₂   N

N

(丙烯酰胺-乙烯基咪唑共聚物)

$$\!-\!(CH_2\!-\!CH)_m\!(CH_2\!-\!CH)_n\!-$$
CONH₂   HCONH

(丙烯酰胺-乙烯基甲酰胺共聚物)

合成聚合物类降滤失剂品种繁多、性能优异，具有一些天然聚合物材料无法比拟的特点，因而成为各国研究人员竞相开发的重点。合成聚合物一般均为共聚物，其中主要的单体是丙烯酰胺（AM）和2-丙烯酰胺基-2-甲基丙磺酸（AMPS）。下列合成聚合物即为例子。

如 AMPS 与 AM 合成油井水泥浆降失水剂 FF-1，能有效控制水泥浆失水量，保证水泥浆其他性能可调，在 40~100℃能将水泥浆滤失量控制在 30mL 以下，且可用于饱和盐水水泥浆。AM、AMPS 和乙烯基吡咯烷酮（NVP）合成的油井水泥浆降失水剂具有较好的耐温、耐盐性能。AM、AMPS 及苯乙烯（SM）合成的油井水泥浆降失水剂 JSS300，在 160℃时能将淡水水泥浆的失水量控制在 50mL 左右，对盐水水泥浆的失水量也有较强的控制作用，具有较高的热稳定性和良好的配伍性。

水溶性聚合物降低水泥浆滤失量的机理可概括为：

① 形成吸附水化层。这些高分子降滤失剂可通过静电引力或氢键吸附在水泥颗粒表面上因为它们都含有多个活性基团，未吸附的基团通过溶剂化作用形成水化层，就可以阻止水泥颗粒聚结，保证颗粒的适度分散。

② 形成网状结构圈闭自由水。高分子降滤失剂与水泥颗粒通过架桥作用可形成一定的网状结构，圈闭大量的自由水，使得降滤失剂-水泥-自由水之间形成一种相对稳定的结构。这样水泥颗粒不容易因重力而沉降，自由水也不容易溢出而进入地层。

③ 形成致密泥饼。降滤失剂都是具有良好柔顺性的线型高分子化合物，因此使水泥颗粒表面的吸附层具有较好的弹性，形成的泥饼就更致密、坚韧，渗透性进一步降低。此外，这些高分子化合物本身也可堵塞泥饼孔隙。

④ 增大液相黏度。在低温可泵条件下，增大液相黏度确能使水量得到一定控制，但必然使泵压增高，难以达到紊流注水泥。因此，降滤失的同时不希望使液相的黏度增加太大。

五、防气窜剂

气窜是固井过程中常遇到的问题，它是指高压气层中的气体沿着水泥石与井壁和（或）水泥石与套管间的缝隙进入低压层或上窜至地面的现象。水泥石与井壁和（或）水泥石与套管间之所以形成缝隙是因为水泥浆在固化阶段和硬化阶段出现体积收缩现象。

显然，水泥浆在固化阶段和硬化阶段的体积收缩是水泥各组分水化后体系体积收缩的综合结果。为了减小水泥浆在固化阶段和硬化阶段的体积收缩，可使用水泥浆膨胀剂防气窜剂。下面是几种常用的水泥浆防气窜剂。

1. 半水石膏

将半水石膏加入水泥浆后，它首先水化生成二水石膏，然后与铝酸三钙水化物反应生成钙矾石：

$$CaSO_4 \cdot 1/2H_2O + 3/2H_2O \longrightarrow CaSO_4 \cdot 2H_2O（半水石膏）$$
$$3CaO \cdot Al_2O_3 + 6H_2O \longrightarrow 3CaO \cdot Al_2O_3 \cdot 6H_2O（铝酸三钙）$$
$$3(CaSO_4 \cdot 2H_2O) + 3CaO \cdot Al_2O_3 \cdot 6H_2O + 20H_2O \longrightarrow 3CaO \cdot Al_2O_3 \cdot 3CaSO_4 \cdot 32H_2O（钙矾石）$$

反应生成的钙矾石分子中含有大量的结晶水，体积膨胀，抑制了水泥浆的体积收缩。

2. 铝粉

将铝粉加入水泥浆后，它可与氢氧化钙反应产生氢气：

$$2AI+Ca(OH)_2+2H_2O \longrightarrow Ca(AlO_2)_2+3H_2\uparrow$$

反应产生的氢气分散在水泥浆中，使水泥浆的体积膨胀，抑制了水泥浆的体积收缩。

3. 氧化镁

将氧化镁加入水泥浆后，它可与水反应生成氢氧化镁：

$$MgO+H_2O \longrightarrow Mg(OH)_2$$

由于氧化镁的固相密度为 $3.58g \cdot cm^{-3}$，氢氧化镁固相密度为 $2.36g \cdot cm^{-3}$，所以氧化镁与水反应后体积增大，抑制了水泥浆的体积收缩。氧化镁引起的水泥浆体积膨胀率随温度的升高而增大，所以氧化镁适用于高温固井。

为了减小水泥石的渗透性，防止气体渗漏，还可在水泥浆中加入水溶性聚合物、水溶性表面活性剂和胶乳等。水溶性聚合物通过提高水相黏度或物理堵塞减小水泥石的渗透性；水溶性表面活性剂通过气体渗入水泥石孔隙后产生泡沫的叠加 Jamin 效应减小水泥石的渗透性；胶乳则通过黏稠的聚合物油珠在水泥石的孔隙中产生的叠加 Jamin 效应和（或）通过成膜作用减小水泥石的渗透性。

六、堵漏剂

漏失一般应控制在钻井阶段，即在钻井液循环过程中就必须将漏失地层堵好。但由于水泥浆的密度比相应钻井液的密度大些，因此在注水泥浆过程中有时仍会发生水泥浆漏失。

对水泥浆漏失可采取两种方法处理：一种方法是在确保固井质量的前提下尽量减小水泥浆的密度和（或）减小水泥浆的流动压降，以保证注水泥浆时井下压力低于相应钻井液循环时的最大井下压力；另一种方法是在注水泥浆前注入加有堵漏材料的隔离液，并在水泥浆中也加入堵漏材料。

堵漏剂可以分为纤维状的、颗粒状的、薄片状的以及半圆体状的。其中，纤维状材料有碎木片、树皮及锯末等。常用的颗粒状材料有硬沥青、果壳、塑料及珍珠岩等，这些常用来作为堵漏剂，但强度不大。新型的水泥堵漏剂主要是可酸化凝固型堵漏剂。

在这些堵漏材料中，若为表面惰性材料（如核桃壳），则其加入不会对水泥浆的稠化时间和水泥石的强度产生影响；若为表面活性材料（如黏土），则要注意其加入会对水泥浆的稠化时间和水泥石的强度产生影响。

第三节　水泥浆体系

水泥浆体系是指一般地层和特殊地层固井用的各类水泥浆。

一、常规水泥浆

由水泥（包括 API 标准中的 9 种油井水泥和 SY 标准中的 4 种水泥）、淡水及一般水泥浆外加剂与外掺料配成，适用于一般地层的水泥称为常规水泥浆。这类水泥浆的配制和施工都比较简单。

二、特种水泥浆

适用于特殊地层的水泥浆称为特种水泥浆，主要有：

（1）含盐水泥浆

含盐水泥浆是以无机盐为主要外加剂的水泥浆。常用的无机盐为氯化钠和氯化钾。这类水泥浆适用于盐岩层和页岩层的固井。

（2）乳胶水泥浆

乳胶水泥浆是以胶乳（如聚乙酸乙烯酯胶乳、苯乙烯与甲基丙烯酸甲酯共聚物乳胶等）为主要外加剂的水泥浆。水泥浆中的乳胶可提高水泥石与井壁及水泥石与套管间的胶结强度，降低水泥浆的滤失量和水泥石的渗透性，有良好的防气窜性能。

（3）纤维水泥浆

纤维水泥浆是以纤维为主要外加剂的水泥浆。常用的纤维有碳纤维、聚酰胺纤维、聚酯纤维。这类水泥浆适用于漏失层的固井。纤维的存在还可提高水泥石的韧性。

（4）泡沫水泥浆

泡沫水泥浆是由水、水泥、气体、起泡剂和稳泡剂配制而成的。所用气体为氮气或空气。可用的起泡剂为水溶性表面活性剂（如烷基苯磺酸盐、烷基硫酸酯钠盐、聚氧乙烯烷基苯酚醚等）。可用的稳泡剂为水溶性聚合物（如 Na-CMC、羟乙基纤维素等）。

泡沫水泥浆的优点是密度低、流变性好，适用于高渗地层、裂缝层、溶洞层的固井。

（5）膨胀水泥浆

膨胀水泥浆是以水泥膨胀剂为主要外加剂的水泥浆。这类水泥浆固化时，能产生轻度的体积膨胀，克服常规水泥浆固化时体积收缩的缺点，改善水泥石与井壁及水泥石与套管间的连接，防止气窜的发生。常用的水泥浆膨胀剂为半水石膏、铝粉、氧化镁等。

（6）触变水泥浆

触变水泥浆是以触变性材料为外掺料的水泥浆。半水石膏是最常用的触变性材料。若在水泥浆中加入 8%～12%水泥质量的半水石膏，就可配得触变水泥浆。半水石膏水化物与铝酸三钙水化物反应生成针状结晶的钙矾石，沉积在水泥颗粒间形成凝胶结构，使水泥浆失去流动性。当受到外力作用时这种凝胶结构易于被打开，使得水泥浆恢复流动性，一旦外力消失，凝胶结构再次逐渐建立。因此，半水石膏的加入使得水泥浆具有触变性。

触变水泥浆主要用于易漏地层的固井。当触变水泥浆进入易漏地层时，水泥浆前缘流速逐渐减慢（因为是径向流）而逐渐形成凝胶状，流动阻力增加，直至水泥浆不再进入漏失层。水泥浆固化后，漏失层被有效封堵。

由于钙矾石生成时体积膨胀，可补偿水泥浆固化时体积的收缩，故用半水石膏配得的触变水泥浆可用于易发生气窜地层的固井。

（7）高温水泥浆

高温水泥浆是以活性二氧化硅为外掺料，能用于高温（高于110℃）地层固井的水泥浆。常规水泥浆在高温下水化产物的晶型发生变化，体积收缩，破坏水泥石的完整性，影响固井质量。活性二氧化硅会抑制水化产物晶型的变化。

硅灰是活性二氧化硅的主要来源，以硅灰为外掺料的水泥浆称为硅灰水泥浆。

（8）防冻水泥浆

防冻水泥浆是以防冻剂和促凝剂为主要外掺料的水泥浆。加入防冻剂的目的是使得水泥浆在低温（低于-3℃）下仍具有良好的流动性；加入促凝剂的目的是使得水泥浆在低温下仍能满足施工要求的稠化时间和产生足够强度的水泥石。

常见的防冻剂是无机盐（如氯化钠、氯化钾）和低分子醇类（如乙醇、乙二醇），低温促凝剂一般用氯酸钙和石膏。

思考题

【2-1】固井水泥浆的主要成分是什么？

【2-2】水泥颗粒的主要成分有哪些，分别对水泥产生哪些影响？

【2-3】固井水泥浆稠化/固化的机理是什么？

【2-4】举例说明水泥浆调凝剂的作用机理。

第三章 化学驱油

目前世界各产油国的油气田经过利用地层能量（溶解气、边水、底水、弹性能）的一次采油和注气、注水的二次采油，原油采收率只能达到 30%～50%，还有一多半可采储量的原油埋在地下采不出来。我国油气田平均采收率为 36.3%，含水 80% 以上，采收率还不到 40%。俄罗斯平均采收率为 40%～50%，美国也只有 45% 左右，我国如能把采收率提高 5%，就相当于找到一个 $10×10^8 t$ 地质储量的大油气田。因此，提高原油采收率的研究具有迫切而深远的意义。

三次采油就是注化学剂或蒸汽，用化学-物理方法改变地层流体和岩石的界面性质来提高原油采收率。20 世纪 50 年代以来，每隔两三年就出现一种新的三次采油方法，也称提高采收率方法（Enhanced Oil Recovery，EOR）。

EOR 方法可分为三大类：

① 热力采油：包括注高压蒸汽（或热水）、蒸汽吞吐及火烧油层。

② 化学驱油：包括聚合物驱（P）、表面活性剂驱（S）、碱水驱（A）、二元复合驱（S-P、A-P）、三元复合驱（ASP）等。

③ 气体混相驱油：包括烃类混相驱如液化气驱（LPG 驱）、富气驱、高压干气驱和非烃类混相驱如 CO_2 驱（也有 CO_2 非混相驱）、N_2（惰性气体）、烟道气驱等。

此外，还有微生物采油（微生物驱、微生物调剖、微生物降解稠油、微生物清防蜡等），国外列入四次采油。四次采油还有地下核爆炸法，重油、沥青、页岩油地下汽化法采油。总之，提高采收率已成为国内外的重大研究课题。

本章主要讨论提高采收率方法（EOR）中的化学驱油。化学驱油就是向油层中注入化学剂段塞或在注入水中添加化学剂的采油方法，化学驱油可提高采收率 5%～50%，甚至更高。

油层经一次采油、二次采油，采收率只能达 30%～50%。采收率低的主要原因是：①地层的不均质性；②注水采油，由于油水密度差，油的黏度比水大，因此水会沿高渗透层带突进或指进，而不能波及渗透性较低的层带，使这些较小孔隙中的油不能驱出，这就是波及系数的问题，波及系数就是注入剂（如水）驱油波及的油藏体积占油藏总体积的百分数。注入剂（如水）波及的油层，并非都能将油洗下来，还与地层的润滑性、毛管力、油水界面张力等因素有关。用水驱油时，可有效地驱出亲水油层中的油，而对亲油油层中的油则不能全驱出，因油膜吸附在岩孔壁上，同时由于洗下的油还会因液阻效应采不出来，因而还有个洗油效率的问题。洗油效率就是指驱油剂波及的油藏采出的油量占该油藏储量的百分数。显然，原油采收率由波及系数和洗油效率决定。

$$原油采收率 = 波及系数 \times 洗油效率$$

要提高采收率就必须要提高波及系数和洗油效率。提高波及系数应降低驱油剂的流度 λ：

$$\lambda = K/\mu$$

式中　K——流体在孔隙介质中的渗透率，mD；

　　　μ——流体的黏度，mPa·s。

提高洗油效率就是要改变岩石的表面性质，如提高润湿性，降低油水、油岩界面张力，减少毛细管力的不利影响。化学驱油可有效地提高驱油剂的黏度或降低油水界面张力，改变岩石的表面性质，因而是提高采收率的有效方法。

第一节　聚合物驱油

聚合物驱油是用聚合物水溶液作驱油剂，提高采收率的方法，又称稠化水驱或增黏水驱。

一、聚合物驱油机理

聚合物驱油是 20 世纪 60 年代初发展起来的一项 EOR 技术，其驱油机理是向水中加入相对分子质量大的聚合物，增加了注入剂的黏度，降低水相渗透率，因而改善驱替相与被驱替相间的流度比，减少水的指进现象，提高了驱油剂的波及体积，进而提高原油采收率。

1. 提高宏观波及系数

聚合物注入地层后，会提高注入水的黏度、降低水相渗透率，使得油层吸水剖面得到调整，平面非均质性等到改善，水洗厚度增加，扩大了水相的波及体积，从而提高宏观波及系数。

波及系数与水油流度比 M 有很大关系：

$$M = \frac{\lambda_w}{\lambda_o} = \frac{K_w}{K_o} \cdot \frac{\mu_o}{\mu_w}$$

其中

$$\lambda_w = \frac{K_w}{\mu_w}; \quad \lambda_o = \frac{K_o}{\mu_o}$$

式中　λ_w——驱替液（水）的流度；

　　　λ_o——被驱替液（油）的流度；

　　　K_w、K_o——分别为水相及油相渗透率，mD；

　　　μ_w、μ_o——水相及油相黏度，mPa·s。

①$M>1$，$\mu_o \gg \mu_w$，水驱稠油，波及面积小于 20%，说明稠油注水极易水窜，见水早，波及系数很低；

②$M=1$，$\mu_o = \mu_w$，基本没有指进现象；

③$M<1$，油井见水时，面积波及系数可达 80%。

因此提高注入水的黏度可使 $M<1$ 或 $M\to1$，这样就可以提高波及系数，从而提高采收率。聚合物水溶液的黏度比水大得多的原因是驱油用聚合物为线型水溶性聚合物，相对分子质量大，链节很多，链节中有许多亲水基团，如部分水解聚丙烯酰胺：

$$+CH_2-CH\frac{}{}_{n_1}[CH_2-CH]_{n_2}[CH_2-CH]_{n_3}$$
$$\begin{array}{ccc} | & | & | \\ CONH_2 & COOH & COONa \end{array}$$

有—COONa、—COOH 和—CONH 基团，偶极水分子吸附在带负电的氧原子周围，形成溶剂化层，增加了分子运动的内摩擦阻力，因而聚合物溶液黏度大增；同时，因带负电基团的相互斥力，使聚合物分子更加舒展，无规线团增大，流动阻力更大，故增黏能力更强。

2. 提高微观驱油效率

经过多年的研究发现，只要有合适的油藏，有正确的注入体系设计，聚合物驱可提高采收率10%以上。国内外专家认为，这是由于聚合物在一定注入速度下具有黏弹效应，从而提高了微观驱油效率。

综合聚合物提高微观驱油效率的驱替机理主要有：

① 黏弹性聚合物溶液对孔隙盲端中残余油的拖拉携带；

② 聚合物溶液对连续油膜的携带机理；

③ 黏弹性聚合物溶液对孔喉处的残余油携带机理；

④ 聚合物溶液的黏弹性对圈闭残余油的携带机理。

影响聚合物驱油的因素主要的有以下四点：

（1）储层参数

分层聚合物驱能充分发挥聚合物溶液的调剖作用，改善层间动用状况，其效果好于单层注聚。在特高含水期，多层优越性更加明显。

（2）注聚时机

注聚时机的影响因素主要包括剩余油饱和度及转注聚时的含水率。剩余油饱和度是保证三次采油驱油效果的主要因素之一，也是影响见效时间的关键因素。矿场统计资料表明，在相同地层条件下，驱油剂用量、浓度及段塞大小相同时，油层的剩余油饱和度越高，越容易形成原油富集带，见效时间就越早，驱油效果也就越好。

（3）注入参数

注入参数包括聚合物的用量、注入速度和注采完善程度。试验单元实际统计数据表明，聚合物用量越多，含水率下降幅度就越大，平均单井增油量越多。从技术角度上讲，聚合物驱在矿场实施过程中，用量越大效果越好。

（4）窜流

矿场资料统计结果表明，窜流的存在严重影响了聚合物驱油效果，虽然窜流井区的油井见效比例与其他井区相近，但平均单井增油量和每米增油量明显较低。可见，有效防止聚合物在地层中窜流可以改善驱替效果。

聚合物驱可有效地驱替簇状、柱状、孤岛状、膜（环）状、盲状等以各种形态滞留在孔隙介质中的残余油。深入进行聚合物驱的研究，对改善油气田开发效果，保持原油稳产，提高原油最终采收率有重要意义。

二、聚合物在多孔介质中的流动特性

聚合物溶液流过多孔介质流度会降低，也就是说其渗透率会降低。流度降低可用阻力系数表示，即表示聚合物溶液流动阻力的大小，也就是水的流度与聚合物流度之比：

$$F_R = \frac{\lambda_w}{\lambda_p} = \frac{K_w/\mu_w}{K_p/\mu_p}$$

式中　F_R——阻力系数；

　　μ_w、μ_p——水与聚合物的黏度，mPa·s；

　　λ_w、λ_p——水与聚合物溶液的流度；

　　K_w、K_p——水与聚合物溶液的渗透率，mD。

聚合物溶液流过多孔介质使渗透率降低，可用残余阻力系数表示：

$$R_r = K'_w/K'_p$$

式中　R_r——残余阻力系数；

　　K'_w——聚合物流过前盐水的渗透率，mD；

　　K'_p——聚合物流过后用盐水冲洗时盐水的渗透率，mD。

$R_r > 1$ 表明将阻碍水或溶剂流动。

1. 聚合物在多孔介质中的滞留方式

形成残余阻力的原因是聚合物在孔隙介质中的滞留（retention）。滞留在多孔介质中有三种方式：吸附、机械捕集和物理堵塞。

（1）吸附（adsorption）

吸附是聚合物在岩石表面的浓集现象。实验证明吸附为单分子层，主要通过色散力、多重氢键和静电作用而吸附，聚丙烯酰胺在砂岩上的吸附量可通过实验测出，见表3-1。

表3-1　聚丙烯酰胺在砂岩表面的饱和吸附量　　　　　　mg/m²

$\overline{M_W}$	2.7×10⁶		1.3×10⁶	
温度/K NaCl 浓度/(g/L)	296	323	296	384
0.00	0.080	0.052	0.071	0.040
9.00	0.080	0.040	0.109	—
58.00	0.190	0.091	0.141	0.055
130.00	0.266	0.187	0.186	0.105

由表3-1看出，NaCl 浓度增加，吸附量增加；相对分子质量$\overline{M_W}$增加，吸附量增加；温度升高，吸附量减小。影响吸附量的因素为：

①岩石的成分和结构。在其他因素完全相同的情况下，吸附量大小的顺序为：黏土矿物>碳酸岩>砂岩；蒙脱石>伊利石>高岭石。

②高分子的类型、相对分子质量及浓度。有酰胺基—CONH₂的同一高分子，相对分子质量大，吸附量大。

③水中含盐量、pH 值的影响。岩性相同，高分子相同，配制水的含盐量越高，吸附量

越大；pH值越大，吸附量越小。

④ 温度升高，分子运动加剧，吸附量减小。

动态吸附量比静吸附量小，是由于吸附过程为动平衡，在高流速下较易脱附，还由于多孔介质中存在不可进入孔隙体积（IPV）造成。不可进入孔隙体积就是小于聚合物分子拉伸变形后的水力学直径的所有孔隙。由于和聚合物溶液接触的岩石表面，低于总的孔隙表面，因而降低了吸附量，并且使聚合物分子不能进入所有的孔隙空间，则可以比总孔隙度所示的更快速度驱油。不可进入孔隙体积中如存在油，也不能被聚合物溶液驱出。

（2）机械捕集（entrapment）

由于机械原因，使比孔隙大的高分子线团进入并滞留在孔隙介质中。机械捕集机理主要是利用高分子结构柔软，在高速流动时变长并与流动线保持一致，因此容易进入比其直径小的孔隙。当流速降低后，由于应力松弛高分子又会恢复原状而被捕集在孔隙中。在低渗透层中，聚合物溶液流动速度较大时，机械捕集量增加；流速太大时，捕集量又会减少（图3-1）。

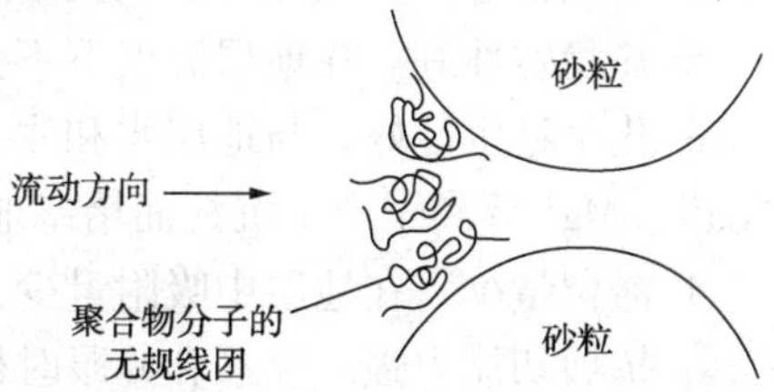

影响捕集的因素主要是高分子的结构，柔性高分子线团大，捕集作用也大；孔隙稍小易捕集；流速大易捕集。所以对低渗透层捕集是滞留（渗透率降低）的主要机理，对中等渗透层吸附是滞留（渗透率降低）的主要机理。相对分子质量为 5×10^4 的聚丙烯酰胺在多孔介质中的机械捕集量见表3-2。

图3-1 聚合物分子在孔隙中的捕集

表3-2 聚丙烯酰胺机械捕集量

序号	多孔介质	渗透率 K/mD	聚合物浓度/（mg/L）	盐水冲洗及滞留量/（μg/g）
1	致密岩芯	86	99	10.87
2	致密岩芯	86	187	10.85
3	致密岩芯	86	489	21.20
4	将致密岩芯破碎后制作的人造岩芯	3500	100	4.5
5	人造岩芯	3500	145	7.5
6	人造岩芯	3500	200	10.6
7	人造岩芯	3500	500	16.9

由表3-2可以看出，岩芯致密，K 较小，捕集滞留量大；聚合物浓度增加，捕集滞留量增大。

（3）物理堵塞（physical plugging）

物理堵塞是指高分子溶液（或冻胶）中的各种不溶物或高分子溶液与地层或地层中的流体发生化学反应生成沉淀物引起的堵塞，这种滞留是不可逆的。

上述三种滞留往往同时发生，特别是吸附和机械捕集更可能同时发生。滞留量适当，有利于化学驱油，因其是阻力系数增加的主要原因，滞留量太大则使聚合物不能流动到预期的位置，显著影响体积波及系数，对化学驱油不利。同时，滞留量太大会造成地层伤害。

2. 聚合物溶液在多孔介质中的流变性

一般来说，聚合物溶液为假塑性流体，其表观黏度随剪切速度增加而降低，但在注入井附近高剪切速率下表现出胀流性，即剪切速率增大黏度增大。

聚合物溶液在多孔介质中流动，特别是在低渗透率的细小孔隙介质中流动，因剪切速率高，表观黏度为胀流型。这主要因为聚合物相对分子质量高，岩石渗透率低时，对聚合物的黏弹性产生显著影响。聚合物溶液通过多孔介质其弹性通常是改变流动方向的阻力，而流动方向改变是由于孔隙直径或曲折度发生变化而引起的，剪切速率增大，黏弹性使流动阻力增大，因而表现出表观黏度增加的胀流性。

三、驱油用聚合物的选择要求

驱油田聚合物的选择要求如下：

① 增黏性好。少量加入能大大增加溶液的黏度。

② 热稳定性好。在地层温度下不会使黏度大幅度下降。

③ 化学稳定性好。与地层水和注入水不起化学反应而使黏度下降；配伍性好，不与地层 Ca^{2+}、Mg^{2+} 等离子产生沉淀而堵塞地层。

④ 滞留量少。在地层中吸附量少，较低的黏度就有明显效果。

⑤ 抗剪切能力强。经泵和井眼时机械降解少。

⑥ 来源广，价格低。

为满足这几方面要求，应从聚合物的结构与性能特点上来选择，见表3-3。从表3-3可以看出，一种好的增黏剂结构应该是主链不含氧桥(用于低温可以含氧桥)，有一定数量的阴离子亲水基团(增黏能力好，在负电表面吸附少)和有一定数量的非离子亲水基团(化学稳定性好)。

表3-3 聚合物结构与性能特点

聚合物结构特征	示 例	性能特点
主链中有氧桥 —O—	羧甲基纤维素钠 CMC 羟乙基纤维素 HEC 聚氧乙烯$\left[CH_3CH_2O\right]_n$ 褐藻酸钠 Na—ALG	热稳定性不高，只能用于<75℃地层，高温下易降解
主链中无氧桥 —O—	聚乙烯醇 PVA 聚丙烯酰胺 PAM 部分水解聚丙烯酰胺 HPAM	热稳定性高，能用于<93℃地层而无明显降解
亲水基团含有 —COO 基	Na—ALG、CMC HPAM	因含有—COO基团链节间有静电斥力，增黏性好，在带负电的砂岩便面吸附量少，但易与 Ca^{2+}、Mg^{2+} 生成沉淀，化学稳定性较差
亲水基团含—OH基 或—CONH$_2$	PVA、PAM HPAM	不与 Ca^{2+}、Mg^{2+}反应，化学稳定性好，但链节间无斥力，分子卷曲增粘能力较差，能与砂岩形成氢键，吸附量较大

目前常用的聚合物有三类：

① 合成聚合物。如 PAM、HPAM、PVA 等。

② 天然聚合物。常见的天然植物胶及其衍生物有：羟基化瓜尔胶、改性海藻胶和纤维素衍生物，如 CMC 及 HEC 等。

③ 生物聚合物。如生物聚多糖类高分子化合物 XC。

XC 的结构如下：

M:Na、K、1/2Ca
Ac:CH₃CO —

目前国内外用得最多的是部分水解聚丙烯酰胺和生物聚合物 XC，在美国几乎各占 50%，我国主要用 HPAM，主要是这两种聚合物可以比较全面地满足增黏的要求，使用效果好。这两种聚合物性能见表 3-4。

表 3-4 两种聚合物的性能比较

序号	项目	XC	PAM
1	溶解的难易性及速度	需高剪切力才能溶解，含不溶有机物，使用前必须过滤	在低剪切力下完全溶解
2	低浓度高黏度	能达到	比 XC 黏度高
3	矿化度影响	很小	黏度明显下降
4	剪切的影响	很小	高剪切力使黏度降低
5	抗温性能	>72℃破坏，产生不溶残余物	>95℃降解
6	抗微生物性能	很弱、必须预防	抗菌能力较强
7	吸附	很低	变化不定，但有助于流动性能的控制

从表 3-4 中 PAM 的性能可以看出，作增黏剂最好用部分水解聚丙烯酰胺（HPAM），使用浓度一般为 $250 \sim 2000 \mathrm{mg} \cdot \mathrm{L}^{-1}$，用量至少为 15%～25% PV，平均相对分子质量（M）最好为 $(1 \sim 5) \times 10^6$，相对分子质量太大溶解性不好，影响增黏效果，相对分子质量太小，分子链短，无规线团小，增黏效果也不好。

水解度 DH 最好为 5%～30%，如果 DH 太大，则分子中—COOH 多，带负电的基团就多，在带负电的岩石上吸附量少，黏度也高，但化学稳定性差，遇 Ca^{2+}、Mg^{2+} 则易产生沉淀。DH 小，则酰胺基（—CONH₂）多，对 Ca^{2+}、Mg^{2+} 稳定性好，但吸附量大，这点不利于增黏，特别在近井地带吸附，会大大提高注入压力。为了解决吸附问题，可先用低相对分子质量 HPAM 作前置液（牺牲剂）使其先吸附在地层表面，然后再注入高相对分子质量 HPAM，这样对增黏效果影响就小了。

地层水的矿化度影响增黏效果，矿化度高，Na^+ 多可中和—COO^- 基团电性，减少 HPAM 链节间的静电斥力，使高分子卷曲程度增加，黏度下降；Ca^{2+}、Mg^{2+} 离子多，会使 HPAM 产生沉淀，失去增黏能力。pH 值低，则会抑制—COOH 离解，同样减少了链节间的静电斥力，因而黏度下降。为此，要求现场配制的 HPAM 水溶液的矿化度小于 $500mg \cdot L^{-1}$，pH 值不小于 7。HPAM 抗剪切降解能力差，在离心泵前后取样其黏度下降 10%~30%，通过射孔注入地层也会剪切降解，使增黏效果差。解决办法是用交联剂交联或用地下合成交联法，将丙烯酰胺、丙烯酸、引发剂注入地层，使其在碱性条件下，在地下变成 HPAM。

生物聚合物 XC，一般条件都能满足，主要是抗细菌降解性能差，这可通过加入杀菌剂甲醛 $25~100mg \cdot L^{-1}$ 来解决。经过注聚合物驱油实践，认为聚合物驱最有效是用于中等非均质稠油油藏，应避免在具有强烈天然水驱、大气顶、大孔道或大的天然裂缝的油藏中注聚合物。

四、聚合物驱油筛选标准

聚合物驱油筛选标准如下：

① 油藏温度控制主要是避免 PAM、XC 在氧存在下热降解。

② 原油的相对密度和黏度不能太大，黏度最好小于 $100mPa \cdot s$。因为原油黏度高，则要用更多的聚合物即更高的浓度来提高驱油剂的黏度，聚合物浓度高则影响经济效益。当然，如果其他参数有利，原油黏度可提高到 $100~200mPa \cdot s$。

③ 水油流度比 M 太大，则波及系数很低。一般认为，M 大于 50 则不适合聚合物驱，已试验成功的 $M=0.1~42$。

④ 可流动油饱和度高($>10\%$ PV)、水油比低的油藏更适合聚合物驱。

⑤ 一般来说，渗透率小于 20mD 的油藏不宜进行聚合物驱，但严格控制聚合物质量及完井条件也可对 $10~20$mD 油藏进行聚合物驱，但应避免在深度小于 150m、渗透率小于 50mD 的浅层进行聚合物驱。

⑥ 聚合物驱开始的水油比越低越有利，水油比越低，则每千克聚合物驱出的油量就越多。因此，聚合物驱早期注入更有效，否则前沿水稀释作用效果差(表 3-5)。

表 3-5　注聚合物筛选经验标准

项　目		美国经验标准	中国经验标准
油藏温度/℃	PAM	<93.3	<90
	XC	<71.1	<70
原油相对密度		<0.9042	<0.95
原油黏度/mPa·s		<150 最好<100	<100
水油流度比		>1	—
可流动油的饱和度/%		>10%PV	<50
水油比		最好<15	—
储集层平均渗透率/mD		>10，可低至 3	>50
岩性		最好是砂岩，也可用于碳酸盐	砂岩
限制条件		裂缝、黏土含量高、含水特高	高含水、底水、黏土含量高

五、聚合物驱油存在的问题

聚合物驱油存在的问题主要来自两方面，即聚合物和地层。主要有以下几点：

① 聚合物在地层中损耗是聚合物驱存在的一个重要问题。聚合物主要损耗于降解和滞留，大大增加了成本。

② 为了避免聚合物的热降解，聚合物驱不能用于过深的地层，防止地层温度超过聚合物使用的限制温度。

③ 低渗透地层不宜进行聚合物驱，因地层中聚合物不可入孔隙的体积太大，聚合物溶液波及的体积太小，加上注入速度太低，方案实施的时间太长，而且井眼周围出现的高剪切会使聚合物大量降解。因此聚合物驱要求地层渗透率大于10mD。

六、聚合物驱油的应用与发展

1. 聚合物驱油现状

目前，国外已进行了大量聚合物驱油现场实验，美国、苏联、英国在20世纪六七十年代就用于矿场驱油，取得了显著效果。试验油藏多为砂岩，仅个别为碳酸岩油藏，油层深度范围为300~2000m，油层厚度0.3~60m，渗透率最低为23mD，油藏温度最高为109℃，原油黏度最高达120mPa·s，聚合物浓度200~1000mg·L^{-1}，段塞体积为总孔隙体积34%~45%，多数试验都增加了采油量，也有失败的，主要是可流动油饱和度低，原油黏度大，地层矿化度高，聚合物用量低等原因。

我国大庆油田于1972~1978年进行了小井距注聚丙烯酰胺试验，取得了较好效果。1970~1973年克拉玛依油田进行注聚丙烯酰胺的试验，到1982年，共增产原油5.53×10^{4}t，每吨聚丙烯酰胺可得原油41t，提高采收率2.7%。我国可注聚合物的油气田很多，石油勘探开发研究院采收率所对全国23个主要油气田结果分析，认为可采用聚合物驱的储量占统计储量的5.4%，因此，在我国聚合物驱还是很有前途的。

聚合物驱油机理较清楚、投资少、施工较简单，在注水驱油后仍有应用，但目前单独用聚合物溶液作驱油剂已减少，多作为流度缓冲剂与微乳液联合使用，或用碱-表面活性剂-聚合物复合驱。注聚合物溶液调整水油比，调整吸水剖面，把聚合物溶液堵水与提高采收率结合起来。我国也将注聚合物列入三次采油方法改善注水效果的重点，大庆油田、胜利油田、大港油田已分别和英国联合胶体公司、美国哈里伯顿公司及日本三井氰胺公司进行技术合作，注聚合物调剖、控制水油比，从而提高采收率。

2. 聚合物驱油发展趋势

目前聚合物驱油的发展趋势是：

① 研究新型聚合物驱油，提高聚丙烯酰胺的质量，干粉速溶化，增加抗剪切力，研制生产黄原胶，提高黄原胶耐温、抗细菌、抗剪切的性能；

② 研究各种因素对聚合物驱油效果的影响，如吸附、捕集、地层水中Ca^{2+}和Mg^{2+}、温度、pH值的影响；

③ 研究聚合物在多孔介质中的流变性、滞留机理等；

④ 建立统一规范的聚合物性能评定方法及聚合物驱矿场效果评价和经济评价方法。

第二节　表面活性剂驱油

表面活性剂驱油就是将表面活性剂溶液注入油层，降低油水、油岩界面张力，改变岩石润湿性，提高采收率的方法，简单地说就是用表面活性剂溶液作驱油剂的提高采收率的方法。使用表面活性剂的作用是降低油、水界面张力，改变岩石润湿性，以利于岩石表面残余油膜的剥离，石油滴或油珠被水带走，从而提高采收率。

由于表面活性剂驱用到各种表面活性剂体系，所以它的名称很多，如：低张力水驱、胶束溶液驱、微乳驱、混相微乳驱和非混相微乳驱等。

泡沫驱、乳状液驱由于使用表面活性剂稳定驱油用的泡沫和乳状液，故也包括在表面活性剂驱之中。

早在 20 世纪初就有人提出用洗涤剂水溶液来改善水驱油效果，解决洗涤剂推进速度慢的问题。20 世纪 50 年代就有人提出了使用高浓度（约 10%）表面活性剂水溶液，以后又不断发展了几种表面活性剂提高采收率的新方法，如低张力水驱、微乳液聚合物驱、泡沫驱等。

一、活性水驱油

表面活性剂浓度小于临界胶束浓度的水溶液称活性水。活性水改善水驱油效果，就是从肥皂水可以清洗油污的思路发展起来的，20 世纪 40 年代开始应用，可提高采收率 5%~15%，一般为 7%左右。活性水驱油提高采收率的机理如下：

1. 活性水可提高采收率

活性水比普通水洗油能力强，可以提高洗油效率，因而可提高采收率。活性水洗油能力强主要因为它能大大降低原油对岩石的黏附功。黏附功（$W_{黏附}$）是指接触面为 $1cm^2$ 的液滴从固体表面拉开所需做的功。如在水中，接触面为 $1cm^2$ 的油滴从岩石表面拉开需做的黏附功：

$$W_{黏附} = \sigma_{ow} + \sigma_{ws} - \sigma_{os} \tag{3-1}$$

式中　σ_{ow}——油水界面张力；

σ_{ws}——岩石-水界面张力；

σ_{os}——岩石-水界面张力。

油在岩石上铺展，达到平衡时

$$\sigma_{ws} = \sigma_{os} + \sigma_{ow}\cos\theta \tag{3-2}$$

$$\sigma_{ws} - \sigma_{os} = \sigma_{ow}\cos\theta \tag{3-3}$$

将式（3-3）代入式（3-1）得

$$W_a = \sigma_{ow}(1+\cos\theta) \tag{3-4}$$

表面活性剂可大大降低油水界面张力，并可改变润湿性使 θ 变大，黏附功显著降低，油越易从岩石上被拉开，因此可大大提高采收率。

2. 活性水能降低亲油油层的毛管阻力

对亲油油层，毛管阻力为水驱油的阻力，此毛管阻力即为毛管曲界面两侧的压力差。

$$p_c = \frac{2\sigma}{r}\cos\theta$$

式中 p_c——毛管阻力，MPa；

σ——油水界面张力，mN·m^{-1}；

r——毛管半径，mm；

θ——油对岩石表面润湿角。

活性水代替普通水后 σ 下降，θ 变大，润湿性强了，从而使毛管阻力降低，活性水就可以进入半径更小、原先进不去的毛细管，使波及系数提高，采收率因而提高。

3. 活性水可使油乳化

活性水所用的活性剂都是水溶性活性剂，HBL 值大于 7。它可使洗下来的油溶液乳化成水包油乳状液。一方面溶液后的油不易再黏附回岩石表面，有利于提高洗油效率；另一方面乳化的油可在高渗透层段产生叠加的液阻效应，迫使注入水进入中、低渗透层段，有利于提高波及系数。

适宜配活性水的表面活性剂的选择条件是：

① 降低油水界面张力的能力强。

② 润湿反转能力强。

③ 乳化能力较好，HBL≈7~18。

④ 受地层离子影响小，有抗盐性，不与地层 Ca^{2+}、Mg^{2+} 发生沉淀。

⑤ 吸附性差。

降低界面张力和润湿性强的表面活性剂结构最好是有分支的，HLB 值 7~18 可作 O/W 乳化剂，非离子表面活性剂化学稳定性好，不受地层含盐的影响，吸附性也小，因此最好选择耐盐性较强的阴离子和非离子表面活性剂来配制活性水，如：

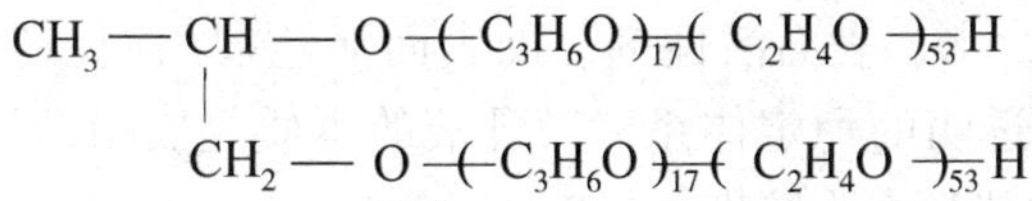

CH$_3$—CH—O—(C$_3$H$_6$O)$_{17}$(C$_2$H$_4$O)$_{53}$H　聚氧乙烯聚氧丙烯丙二醇醚 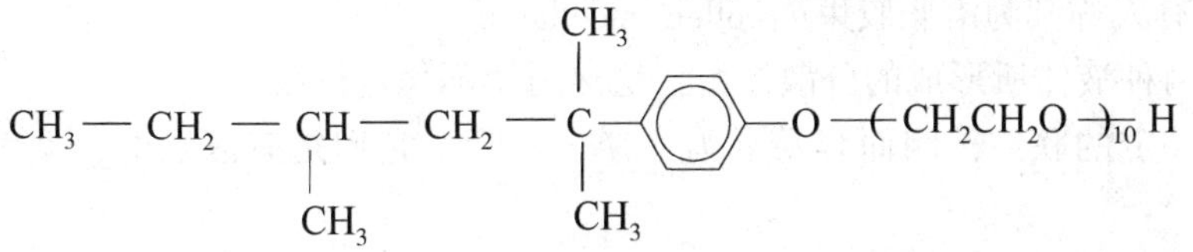
CH$_2$—O—(C$_3$H$_6$O)$_{17}$(C$_2$H$_4$O)$_{53}$H

CH$_3$—CH$_2$—CH—CH$_2$—C(CH$_3$)(CH$_3$)—〇—O—(CH$_2$CH$_2$O)$_{10}$H　聚氧乙烯异辛基酚醚–10

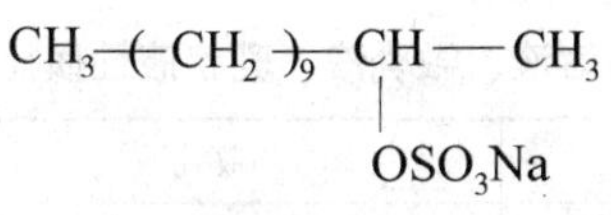

CH$_3$(CH$_2$)$_9$CH—CH$_3$　仲十二烷基硫酸酯钠盐 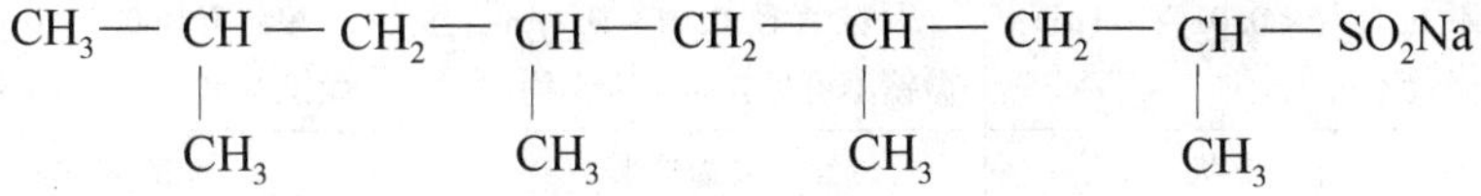
OSO$_3$Na

CH$_3$—CH—CH$_2$—CH—CH$_2$—CH—CH$_2$—CH—SO$_2$Na　四异丙基磺酸钠
CH$_3$　　CH$_3$　　CH$_3$　　CH$_3$

我国大庆油田用 0.05% 的 OP-10 驱油试验,提高采收率 7% 左右。该法主要是工艺简单,价格便宜,也有一定的驱油效果,所以苏联用得较多。而美国则认为表面活性剂吸附量大,注入井底附近已被岩层吸附殆尽,不能起表面活性剂的作用,同时,活性水黏度仍低,水油流度比几乎没有改善,波及系数不高,因此驱油效果就不大。

二、微乳液驱油

微乳状液是油、水、活性剂、助活性剂及电解质在适当条件下自发形成的透明或半透明的稳定体系,其本质是胶束溶液。油可以是原油及其馏分;水可以用淡水、盐水;活性剂为各种表面活性剂,常用石油磺酸盐,相对分子质量为 350~525;助表面活性剂一般使用醇类,调节水油极性形成胶束增加增溶能力;电解质可以是无机酸,碱、盐,以盐最多,如:$NaCl$、KCl、Na_2SO_4,降低临界胶束浓度和产生超低界面张力。

微乳液是一种液-液分散体系,是 1943 年 Hoar 和 Schulman 研究证实的,1958 年 Schulman 将其定名为微乳液。微乳液和油之间界面张力低,在一定程度上可以和油、水混溶,因而可提高驱油效率。微乳液首次用于现场驱油是 1968 年初,美国潘卓尔石油公司在宾夕法尼亚州 Bradford 油田进行的马拉驱油法(Maraflood Oil Recovery Process,因由马拉松石油公司发明,故以此命名),矿场实验在 18.7hm 油田上取得了采出注水后地下原油储量 52% 的可喜效果。因此,潘卓尔公司在该地区从 1979 年开始实施一个 89.1hm(220 英亩)的开发方案,包括 120 口生产井和 57 口注入井,1982 年开始注入,1990 年结束。

我国从 1973 年开始室内研究微乳液驱油,其中,在大庆油田、胜利油田主要作水井增注,排驱井底附近残油、油水乳状液及少量石蜡、沥青等有机物,提高水相渗透率,增加水井吸水能力,取得较好效果。微乳液驱是化学驱替中效率最高的一种方法,采收率几乎可达 100%,因此引起国内外研究者的特别关注。

1. 胶束溶液、微乳液、乳状液的区别

胶束(micellar 或 micelle)是表面活性剂分子在溶液中形成的聚集体。

胶束溶液(micellarsolution)为浓度大于 CMC 的表面活性剂溶液。

微乳液(microemulsion)是油、水、表面活性剂、助表面活性剂(往往还要加电解质)在适当比例下自发形成的透明或半透明的稳定体系。微乳液的本质是胶束溶液,是增溶了油(或水)的胶束溶液,所以有人称其为溶胀胶束(swollen micellar)。

乳状液是互不相溶的两种液体所形成的分散体系,是热力学不稳定体系。

胶束溶液与微乳液有一定的联系,因而容易混为一谈,实际上它们是有区别的,见表 3-6。

表 3-6 胶束溶液、微乳液、乳状液性质比较

项目	胶束溶液	微乳液	乳状液
分散度	颗粒直径 <0.01~0.1μm,显微镜不可见	颗粒直径 0.01~0.1μm,显微镜不可见,质点大小均匀	颗粒直径 0.3~10μm,显微镜可见,质点大小不均匀
质点性质	各种形状	多为球形	一般为球形
透光性	透明	透明、半透明	不透明

项目	胶束溶液	微乳液	乳状液
稳定性	稳定、不能分层	稳定、用离心机亦不分层	不稳定、易分层
表面活性剂用量/%	≤2%，>CMC	>2%	—
助活性剂及电解质	不需加，为二元体系	需加，为多元体系	不需加，为三元体系
增溶性	可增溶油和水，增溶量小	增溶油	不能增溶
制备	不需搅拌	不需搅拌	需搅拌

胶束溶液、微乳液、乳状液间的关系：胶束溶液增加表面活性剂浓度（>2%），加入适当的助表面活性剂和电解质，增溶了油或水就可变成微乳液。

乳状液和微乳液间可以互相转换，如图 3-2 所示。

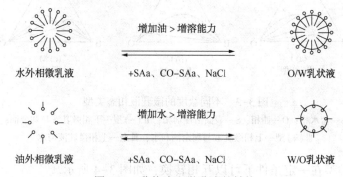

图 3-2　乳状液和微乳液的转换

2. 微乳液的类型

微乳液存在水外相、油外相和油水相连续三种类型：

水外相微乳液是溶有活性剂胶束分散在水中所形成的分散体系，下相微乳液（lower phase），属于过剩的油和水外相微乳液平衡的分散体系，表面活性剂的分配系数 $P=c_0/c_W<1$，为球形结构。

油外相微乳液是溶有水的活性剂胶束分散在油中所形成的分散体系，上相微乳液（upper phase），属于过剩的水和油外相微乳液平衡的分散体系，$P>1$，为层状结构。

中间状态微乳液，中相微乳液（middle phase），是油水达到平衡时的分散体系，$P=1$，为层状结构。

油水相连续微乳液的情形是油、水同时成为连续相，体系中任一部分油在形成油液滴被水连续相包围的同时，与其他部分的油液之间的水包围。同样，体系中的水液滴也组成了水连续相，将介于水、液滴之间的油相包围，最终形成了油、水双连续结构。

因此，通过表面活性剂分配系数，可以判断微乳液的类型。表面活性剂分配系数 P 的计算公式为

$$P=c_0/c_W$$

式中　c_0——表面活性剂在油相中的浓度；

　　　c_W——表面活性剂在水相中的浓度。

当 $P<1$ 时，表面活性剂主要分散在水中，形成下相微乳液；

当 $P>1$ 时，表面活性剂主要分散在油中，形成上相微乳液；

当 $P=1$ 时，表面活性剂几乎全部分散在中相，形成中相微乳液。

图 3-3 为在试管中观察到的三种微乳液类型，L 表示下相微乳液，由于表面活性剂主要分配在水中，相对密度大于油，故在油相下部；U 表示上相微乳液，相对密度小于水，故在水相上部；M 表示中相微乳液，相对密度介于油、水之间。

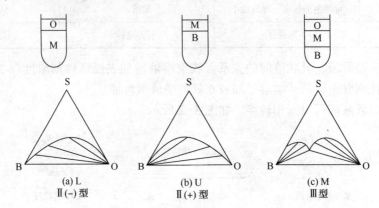

图 3-3　不同盐度的微乳液相态类型

B—盐水相；O—油相；S—表面活性剂相；Ⅱ(-)型—下相微乳液与剩余油；

Ⅲ(+)型—上相微乳液与剩余油和水；Ⅲ型—上相微乳液与水

几种微乳液类型在一定条件下可以互相转换，如图 3-4 所示。

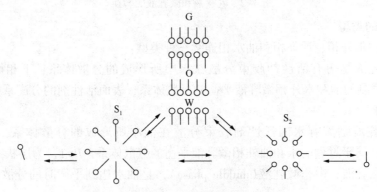

图 3-4　微乳液的转型

S₁—水外相微乳液；S₂—油外相微乳液；G—凝胶或液晶层状结构

中相微乳液驱油效果最好，主要由于它有以下特点：

① $\sigma_{MO}=\sigma_{MW}=10^{-3} mN \cdot m^{-1}$，即可得到超低界面张力；

② 表面活性剂在地层中滞留量最小；

③ 在孔隙介质中油珠聚并时间最短；

④ 残余油饱和度最低，故驱油效率最高。

可以通过两个途径得到中相微乳液：

① 给定各变量，改变体系的总组成，坐标落在拟三元相图的三相区内，就可得到中相微乳液；

② 给定体系的总组成，改变盐度、温度等变量使体系相态变化，得到中相微乳液。

3. 微乳液驱油机理

① 混相驱。微乳与水和油没有界面，不存在界面张力，也就是说不存在毛细管阻力，因而波及系数高；微乳液可以增溶油和水，与油水混溶达到混相驱，因为与油无相界面，微乳能与油完全混溶，因而洗油效率高；消除了毛管力的影响，驱油效果最好。油外相微乳液可以与油混相，黏度比水高，吸附损失少，抗盐性强，相应效果比水外相稍好，但经济性比水外相差。

② 超低界面张力非混相驱。中相微乳液就是利用超低界面张力非混相驱提高毛管数 N_c，N_c 达到 10^{-2} 基本上可把残余油驱净。

$$N_c = \frac{v\mu_d}{\sigma_{ow}}$$

式中 μ_d——驱动流体的黏度，$mPa \cdot s$；

v——驱动速度，m/s；

σ_{ow}——油水间的界面张力，$mN \cdot m^{-1}$。

③ 增加驱替剂的黏度，提高扫油效率。微乳液的黏度比水高，一般可达十至几十 $mPa \cdot s$，因此可改善流度比，提高扫油效率，为进一步改善流度比，微乳液段塞后缘用聚合物段塞，以防黏度指进，因此微乳液驱又称微乳液/聚合物驱。

实际上，微乳驱油的机理很复杂，这与微乳在驱油过程中的变化有关的。首先微乳进入油层对油增溶至饱和时，就要产生界面，随着油进一步增加，微乳向乳状液过渡，当油进一步增加，乳状液破坏，类似于活性水驱油。

4. 影响驱油效果的因素

（1）表面活性剂组成

并非所有的表面活性剂都能制成微乳液，常用的为阴离子和非离子表面活性剂。目前国外多采用来源广，价格便宜的石油磺酸盐，而且会降低界面张力效果较好，可降到 10^{-3} $mN \cdot m^{-1}$。石油磺酸盐是复杂的混合物，驱油效果与磺酸盐当量（EW）有关。磺酸盐当量（EW）等于石油磺酸盐的相对分子质量与磺基个数之比。实验证明，磺酸盐当量（EW）高，界面张力（σ）低。

一般而言，高当量的石油磺酸盐（$EW > 500$）几乎不溶于盐水，在岩石中滞留量（吸附）大，驱油效率最差；低当量的石油磺酸盐（$EW < 350$）界面张力 σ 高，对残余油流动几乎无效；平均当量（$EW = 375 \sim 475$）的石油磺酸盐界面张力 σ 最低，得到的石油采收率最高。

（2）表面活性剂结构

表面活性剂结构研究证明：异构的（带支链的）烷基苯磺酸钠盐比相同相对分子质量正构的（直链）烷基苯磺酸钠盐产生的界面张力低得多。当表面活性剂浓度一定时，烷烃的长度即 C 原子数 n 在 $12 \sim 14$ 时，得到的界面张力最小，烃链长度超过 14 个 C 原子时，界面张力又会上升，因此配制微乳液多采用十二烷基苯磺酸盐。

（3）表面活性剂浓度

表面活性剂浓度增加，界面张力减小，当达到临界胶束浓度时，界面张力基本不变，但为了增加微乳液的增溶性，表面活性剂浓度往往还要增加。

对低浓度、大段塞非混相驱，表面活性剂浓度小于 2%，段塞体积为 15% ~ 60% PV（实为低张力水驱）；对高浓度、小段塞混相驱，表面活性剂浓度为 4% ~ 15%，段塞体积为 3% ~ 20% PV。我国的石油磺酸盐中的芳烃度较小，表面活性剂浓度甚至高达 20%。

（4）盐

地层水中往往含有无机盐，有的地层高达 $20 \times 10^4 mg \cdot L^{-1}$，一般都是 NaCl、$CaSO_4$、$MgSO_4$ 等。在配制微乳液中，NaCl 降低界面张力比其他盐低，Ca^{2+}、Mg^{2+} 会中和阴离子石油磺酸盐的电荷使微乳液产生沉淀，达不到驱油效果。因此要求地层二价离子浓度小于 $50 mg \cdot L^{-1}$，若为 $300 \sim 500 mg \cdot L^{-1}$，则驱油无效，因此需加三聚磷酸钠或六偏磷酸钠螯合二价金属离子。盐加入的浓度为一定值，能使微乳液产生超低界面张力，若 NaCl 浓度超过一定值，则会使磺酸盐发生沉淀而失效，因此，得到最低界面张力时的含盐量称为最佳盐度，或油和水体积相等时，中相微乳液的含盐量称最佳盐度。盐度影响体系的相态变化。随着盐度增加，微乳液相态由 L→M→U。因为增加盐度，表面活性剂的水溶性变差，表面活性剂则逐渐分配到油相，油中表面活性剂浓度随盐度增加而增加，在达到最佳盐度时，油和盐水中的表面活性剂浓度相等，则微乳液为中相。

（5）醇

醇影响微乳液的增溶性、相态；醇的类型影响微乳液的类型。

① 影响增溶性。醇量多，增溶性好，增溶性的大小用增溶参数表示，增溶参数就是单位体积表面活性剂所增溶的油或水的体积。

② 影响微乳液类型。一般说来，$C_{2\sim4}$ 醇形成水外相微乳液；$C_{5\sim8}$ 醇形成油外相微乳；C_1、C_9、C_{10} 醇不能形成微乳液。

③ 影响微乳液相态。使微乳液由 L→M→U，最佳醇度是得到最低界面张力、最高增溶参数时的醇度。

（6）温度

当含盐量恒定时，温度升高，相特性由 U→M→L。

（7）原油组成

原油组成的影响包括两方面，一是配制微乳液所用的烃类，往往是石油馏分；二是油藏原油的组成。为避免微乳液进入油层后组成变化太大，最好用所驱油藏的原油配制微乳液。配制微乳液所用油的性质不同，与石油磺酸盐体系产生的界面张力不同。也就是说，一定浓度的表面活性剂和盐浓度，只有一定碳原子数的烷烃才与其形成最低界面张力，这就是烷烃的碳原子数 ACN（alkylcarbon number）。0.2%TR-80 磺酸盐与 1%NaCl 配制成的表面活性剂溶液，最低界面张力在正庚烷处，即最低界面张力的 $ACN = n_{\min} = 7$。实验发现，用丁基环己烷也得到了低界面张力，可以说丁基环己烷与正庚烷是等效的，称为等效碳原子数 EACN（equivalent alkylcarbon number）。实验证明 $C_{6\sim18}$ 的烃类可形成微乳液，配制微乳液所用油的碳原子数与磺酸盐的碳原子数有相关性，根据此相关性可得到增溶参数最大的中相微乳液。

（8）pH 值

在低盐度下，pH 值升高，体系由 U→M→L；在高盐度下，取决于体系的组成，也可出现 U→M→L。在一定的 pH 值范围内，pH 值的变化可补偿盐度改变带来的影响，因此，它可能在更宽的 pH 值范围内产生超低界面张力，而过剩的 OH^- 又可能与阳离子结合起电解质作用，使相态由 L→M→U，一般 pH>10 时采收率高。

（9）地层吸附

表面活性剂在地层会被吸附，尤其是黏土含量大的地层吸附量更大，使表面活性剂浓度降低，微乳液驱失败，地层水的 pH 值愈小，吸附损失愈大，黏土的吸附损失占总吸附损失的 99% 以上，砂岩含 1%~2% 石膏，原油采收率从 98% 下降至 55%。地层中的阳离子 Ca^{2+}、Mg^{2+}、Ba^{2+} 也会与阴离子表面活性剂反应生成沉淀造成表面活性剂损失并堵塞地层孔隙，石油磺酸盐耐小于 $500mg \cdot L^{-1}$ 的二价阳离子。

减少吸附损失的方法：

① 采用 pH 值大于 10 的水溶性正硅酸钠盐（Na_4SiO_4）或 Na_2CO_3 作预冲洗液；

② 加三聚磷酸钠、羟基聚合铝使黏土絮凝，减少黏土的吸附量；

③ 用螯合剂如柠檬酸、三聚磷酸钠、乙二胺四乙酸（EDTA）等把 Ca^{2+}、Mg^{2+} 螯合掉；

④ 采用当量分布宽的石油磺酸盐，相对分子质量大的部分作牺牲剂先吸附掉，保护中等当量磺酸盐。当然，要使微乳液驱油效果好，主要应从配方和表面活性剂的选择上下功夫。

5. 微乳液配方及化学剂选择

一般微乳液配方中的表面活性剂多用阴离子石油磺酸盐，磺酸盐当量 $EW = 375~475$，石油磺酸盐货源广，价格便宜，也可用其他表面活性剂。表面活性剂的选择原则是：能产生超低界面张力；在地层中吸附量低；表面活性剂在油水中的分配系数最好为 1；与地层流体相溶性好，能耐温抗盐；与后沿聚合物很少相互作用；货源广、价格低（表 3-7）。

表 3-7　微乳液配方

组成	油外相（体积分数）/%		水外相（体积分数）/%
	低含水	高含水	
油	35~80	4~40	2~50
水	10~55	65~90	40~95
活性剂	5	4	4
助活性剂	4	0.01~20	0.01~20
无机盐	0.01%~5%（质量分数）		0.001%~4%（质量分数）

对高温及高矿化度的地层，采用石油磺酸盐就不能满足要求，因为石油磺酸盐抗盐能力差，会与多价离子生成沉淀；地层温度太高石油磺酸盐也会产生热分解效应。因此，对高温、高矿化度地层要选用耐温、抗盐表面活性剂及适当配方。根据有关研究成果，耐温、抗盐表面活性剂及配方例子如下：

（1）α-烯基磺酸盐二聚物

耐温 96℃，含 NaCl $8 \times 10^4 mg \cdot L^{-1}$、$CaCl_2$ $12000 mg \cdot L^{-1}$ 下也能使用。

（2）烷基磺酸盐十二甲基亚砜

配方：表面活性剂 0.1%～15%（质量分数），水 100%（其中盐可达 10%），助表面活性剂 0.05%～15%。

保护剂：多乙基化脂肪醇或烷基酚，硫酸钠 0.01%，可用于高含盐地层与油层原油接触，就地生成微乳液。

（3）羧甲基乙氧基化表面活性剂

$R-O(CH_2CH_2O)_n-CH_2COOM$，$n<3$，M 为碱土金属或碱金属，R 为 $C_{8～16}$。此类表面活性剂在 95℃下三周基本上不分解，矿化度为 $22×10^4 mg \cdot L^{-1}$ 时吸附损失仅 0.4mg/g。

（4）烯基磺酸盐（A）+α-烯基磺酸盐（B）

配方：烃 3%～90%（质量分数），水 4%～94%，表面活性剂 2%～30%，助表面活性剂 0.1%，（A）∶（B）=（95∶5）～（10∶90）。

此配方在 0～25%（质量分数）无机物水中仍可使用，黏度达 10～100mPa·s，$σ=10^{-3}～10^{-2}mN \cdot m^{-1}$，具有高抗盐及抗硬水性。

6. 微乳液/聚合物驱存在问题及研究动向

① 表面活性剂用量大、成本高。因此新型廉价耐温、抗盐表面活性剂及合理配方是各国研究的重点。表面活性剂吸附损失机理及减少损失途径的研究正大力进行，以降低表面活性剂驱成本。

② 产生超低界面张力的机理不清，正在着力研究。微乳液驱油主要是超低界面张力，但为什么能获得超低界面张力？相关研究认为决定超低界面张力的主要条件是：表面活性剂的界面浓度、界面电荷密度以及油和盐水的相互增溶性。界面电荷密度高，界面张力低，在石油磺酸盐体系中加入烷基单磷酸酯使界面张力更低，且低界面张力区的范围也增宽了。界面电荷增加主要是石油磺酸盐中只有一个负电荷的氧，而磷酸酯盐有两个负电荷的氧，使表面活性剂界面上电荷密度增加。电荷密度增加，电泳淌度达最大值，界面张力最小。电泳淌度是在单位梯度下分散相的运动速度。因为砂岩表面带负电，如果油滴表面也具有较大的负电荷密度，则两者相斥，油滴就不易附在岩石表面，从而易被驱出。

③ 表面活性剂复配研究缺乏。某些表面活性剂复配有协同效应（synergism），也就是说比用单一表面活性剂性能好得多，如使界面张力降得更低，用量更少等，因此现在许多研究者都在研究表面活性剂复配的应用及探讨其机理。当然，还有其他许多值得探讨的问题，如界面黏度、微乳液的微观结构、微乳液在孔隙介质中的流变性等。总之，由于微乳液的高驱油效率吸引了世界各国研究者们从事研究，我国也在加强这方面的研究工作。

三、泡沫驱油

泡沫驱油就是用泡沫作驱替剂提高采收率的方法。注气二次采油中，由于气体的黏度低，发生窜流现象，驱油效率很低，因此有人想如何既用注气方法又能提高驱油效率。1958 年美国 Bond 及 Houbrook 两人提出用表面活性剂和气体混合物（实为泡沫）注入地层，发现泡沫的黏度比水高，驱油效率比水高。泡沫驱油逐渐得到世界各国的重视。

1. 泡沫驱油机理

① 叠加的气阻效应提高了波及系数。泡沫是气体分散在液相中的分散体系（也有气体

分散在固相中的分散体系），也可以说是一种液包气的乳状液，当泡沫通过毛管时由于变形对流体流动产生的阻力叫气阻效应。泡沫进入不均质地层，它将优先进入大孔道-高渗透段，而叠加的气阻效应使其流动阻力逐渐提高，随着注入压力增高，泡沫可以依次进入渗透性较小、流动阻力较大的原来不能进入的层段，这样，泡沫就可以比较均匀地沿不均质地层向前推进而提高了波及系数。

② 泡沫的黏度大于水，改善了流度比。注气的流度比为 $M=10\sim100$，注水的流度比为 $M=10\sim100$，注泡沫的流度比为 $M=1$。

泡沫的黏度大于水主要是因为水的黏度只是来自液层相对移动的内摩擦，而泡沫的黏度除来自分散介质液层相对移动的内摩擦外，还存在分散相间的碰撞，因此黏度比水大得多。在一定温度下，泡沫的黏度主要取决于分散介质的黏度和泡沫特性值，即泡沫质量（foam quality）。泡沫质量 ϕ 是气体体积与泡沫总体积的比值，即：$\phi = \dfrac{V_{气}}{V_{泡沫}}$ 泡沫质量越高，泡沫黏度越大，当泡沫质量超过一定数值，泡沫黏度就急剧增加，泡沫黏度可用下列经验式计算：

$$\eta = \eta_0(1+4.5\phi),\ \phi<0.74 \tag{3-5}$$

$$\eta = \eta_0 \frac{1}{1-\sqrt[3]{\phi}},\ \phi>0.74 \tag{3-6}$$

式中 η——泡沫黏度，mPa·s；

η_0——分散介质黏度即基液黏度，此处为表面活性剂水溶液黏度，mPa·s；

ϕ——泡沫质量。

泡沫质量与泡沫黏度对分散介质黏度比关系见表3-8，其值是按式(3-5)和式(3-6)计算得出的。

表3-8 ϕ 与 η_0 关系

ϕ	η/η_0 按式(3-5)计算	ϕ	η/η_0 按式(3-6)计算
0.2	1.90	0.75	11.0
0.3	2.35	0.80	14.0
0.4	2.80	0.85	19.0
0.5	3.25	0.90	29.0
0.6	3.70	0.95	58.5

分散介质的黏度伪即表面活性剂水溶液的黏度与水相近，从表中可以看出当 $\phi=0.9$ 时，泡沫黏度约为水的29倍。常用的泡沫 $\phi=0.52\sim0.99$，泡沫的黏度比水大得多，所以可以大大改善流度比（$M=1$），比水及活性水、碱性水的波及系数都大，因此采收率显著提高。

③ 由于起泡剂是表面活性剂，因此活性水提高采收率的作用，泡沫同样具有。泡沫可降低油水界面张力，有乳化作用、润湿反转作用等，从而提高洗油效率。综上所述，泡沫驱油效果比活性水高。

2. 泡沫的稳定性

把气体压入表面活性剂（起泡剂）溶液时，就有了气液界面，表面活性剂就会吸附到气液界面上形成单吸附层，当气泡数量少并分散在液相中时，界面的吸附层就会对气泡间的合并起阻碍作用，当气泡以分散状态逸出液相时，外层液膜在气相中就变成有内外两个气液界面，分别形成两个吸附层，这种由表面活性剂构成的双吸附层，对气泡薄膜起保护作用。泡沫稳定机理如下：

① 表面活性剂亲水极性端水化，水分子定向排列，使泡间液膜内的表观黏度增大，泡沫稳定性加强；

② 表面活性剂非极性端烃链由于分子间力而横向结合，使液膜的强度增加，使泡沫稳定；

③ 泡沫有双覆盖层覆盖，使液相不易排出，当 $\phi > 0.74$ 时，泡沫多，互相挤压变形，变成蜂窝状结构，蜂窝状结构是薄壁结构强度最大和最稳定的结构，因而泡沫也更稳定；

④ 离子型表面活性剂的极性端在水中电离，极性端之间同性电荷相斥，增加了泡沫的稳定性，非离子型表面活性剂不能电离，故无此稳定机理。

3. 影响泡沫稳定性的主要因素

液膜黏度大，有助于稳泡，因此常在表面活性剂水溶液中添加高分子化合物，如 CMC、HPAM 等，可使膜黏度大，泡沫不易破裂。泡沫液膜的强度减弱或厚度不均易使其破裂消泡。遇到地层油时易消泡，主要由于油气界面张力小于水气表面张力，因此油易在泡沫液膜上展开，而代替了泡沫稳定剂，油膜本身强度差，使泡沫很快破裂；另外，油膜在水表面上展开时，会生成新的油水界面，夺走原有吸附层中部分表面活性剂，使泡沫破裂。泡沫的稳定性用泡沫寿命表示，即泡沫存在的时间表示，泡沫寿命越长越稳定。

4. 起泡剂的选择与泡沫配制

选择起泡剂的条件是发泡量高、稳泡性强，即泡沫寿命长、吸附量少、洗油能力强、能抗硬水、不产生沉淀堵塞地层、货源广、价格低廉。因此配制泡沫的起泡剂应有一定的长分子链，最好没有分支，亲水基在一端，有利于非极性端的横向结合，稳泡性强。例如 $C_{12 \sim 14}$ 的烷基磺酸钠、$C_{12 \sim 14}$ 的烷基苯磺酸钠和聚氧乙烯辛基苯酚醚-10。

配制泡沫的水最好是淡水，盐水影响阴离子型表面活性剂的起泡效果，所以一般不用。配制泡沫的气体可用空气、烟道气、天然气、CO_2 或 N_2，国外通常用 N_2 及 CO_2，我国玉门油田用过空气。起泡剂在水溶液中的浓度为 $0.1\% \sim 10\%$，一般为 1.0% 左右，起泡剂水溶液与气体体积比一般为 $1 : (0.5 \sim 15)$。玉门油田注泡沫试验用 $1 : (2 \sim 4)$（指油层温度压力下的体积），比例太小不能充分发泡，太大气泡不稳定，注入量一般为 $0.001\% \sim 0.3\%$PV。

5. 泡沫注入方式

可以用层外发泡和层内发泡两种方式注入泡沫。层外发泡即在地面用泡沫发生器配好再注入地层，也可将气体与起泡剂、稳泡剂水溶液由油套环形空间注入，使其在射孔眼混合成泡沫然后注入油层。层内发泡即交替注气和起泡剂，使其在地层内形成泡沫。层外发泡因泡沫黏度大，摩阻大，泵压大，所以动力消耗大，层内发泡注入压力低，方便现场施工。

6. 泡沫驱油技术研究现状

由于气液比表面大，必须有较高的起泡剂浓度才能维持泡沫稳定性高，这样经济性就小。层内起泡，不易保证充分起泡，起泡工艺上较困难，油藏深需要高压注气设备，泡沫在多孔介质中的渗流机理尚不够清楚，力学、数学上都未能分析及模拟，还有表面活性剂在黏土多的地层吸附消泡，以及大量气泡注入地层可能引起重油乳化及地层出砂而带来麻烦。由于存在种种问题，20 世纪 60 年代国内外都做过矿场实验，20 世纪 70 年代以来却报道很少。我国玉门油田从 1965 年开始研究，1974 年在老君庙小井组试验，1979 年扩大试验，1982 年完成注泡沫计划然后再注顶替液两年半，历经 5~6 年才能得到结果。

2007 年 9 月延长油矿甘谷驿采油厂与广西百色科特石油服务公司联合进行了空气泡沫驱矿产试验，在经过 2 年的试验后，发现该技术不仅可有效增产，还可以明显降低油井含水率，具有很好的调驱功能。另外，空气泡沫驱技术在中原油田也取得了较好效果。截至 2009 年 3 月底，中原油田空气泡沫驱提高采收率技术已在胡 12 块沙三中 86-8 层系进行了 4 个井组现场实验，安全注入空气 $3.7 \times 10^6 m^3$，试验区可采储量增加了 $4.44 \times 10^4 t$，井组累计增油 2960t，阶段采收率提高了 3.97 个百分点。

吉林某油田 2015 年在新木油田木 146 区块开展氮气泡沫驱提高采收率试验，该技术的工程技术参数受油藏条件影响较大，需要根据试验区油藏特征进行针对性设计。通过对木 146 试验区氮气泡沫驱的泡沫体系进行的筛选评价及对注入工艺进行的低成本优化设计，筛选出了 4 种泡沫体系对试验区进行了成功试注应用。4 种泡沫剂溶液与木 146 区块原油之间界面张力均可达 1.0mN/m 以下。试验区注入井从 2016 年 6 月 13 日开始转注氮气泡沫，注入压力平稳，注气量保持在 5000m³/d 左右，采出液含水降低 20% 左右，采收率提高 10% 左右。

某油田陕北油区具有特低渗油藏地质特征，2010 年以甘谷驿唐 80 井区为试验区实施了空气泡沫驱。试验区自 2010 年 10 月实施空气泡沫驱，至 2013 年 9 月共注入空气 81200m³（地下体积）、泡沫液 9800m³。注入 2 个月后，区块整体见效，产液量和产油量增加、含水下降。截至 2013 年 10 月，8 个试验井组共增油 4898t，阶段投入产出比为 1：2.57，取得了显著的效果。

四、表面活性剂驱油存在的问题

据研究，我国油气田适于表面活性剂驱油的地质储量占总储量的 63%，说明该方法应用潜力很大，应成为我国 EOR 技术的主攻方向，表面活性剂驱的筛选经验标准见表 3-9。

表 3-9　表面活性剂驱筛选经验标准

项　　目	美国经验标准	我国经验标准
原油黏度/mP·s	<30	<20
相对密度	<0.9042	
原油饱和度 S	>30% PV	
油层温度/℃	<79.4	<90
渗透率 K/mD	>20	>50
地层水矿化度/mg·L⁻¹	氧化物<2×104	<5×10⁴
硬度/mg·L⁻¹	[Ca²⁺+Mg²⁺]<500	[Ca²⁺+Mg²⁺]1<1000
岩性	砂岩	砂岩
限制条件	硬石膏、石膏、黏土含量低，注水波及系数>50D/较好	黏土>10%、裂缝、底水

该项技术在现阶段还面临着三个主要的问题：

① 表面活性剂滞留：表面活性剂在地层中有四种滞留形式，即吸附（主要吸附在蒙脱石界面上）、溶解（在三次剩余油和水中溶解）、沉淀（由阴离子型表面活性剂与多价金属离子反应生成）和与聚合物不配伍，由此产生絮凝、分层。滞留问题现在可以采用加入牺牲剂等方法解决，但这样会大大增加生产成本。

② 乳化作用：由于乳化机理是表面活性剂驱油的重要机理，所以产出液为原油与水的乳化液，需要做进一步的处理。

③ 流度控制：由于表面活性剂体系流度大于油的流度，所以表面活性剂体系也易沿高渗透层指进入油井而不起驱油作用。为使表面活性剂体系平稳地通过地层，需用流度控制剂控制流度，可用的流度控制剂包括聚合物溶液和泡沫。

第三节　碱水驱油

碱水驱是以碱的水溶液作驱油剂的一种提高采收率的方法，它是化学驱油中成本最低的一种方法。为克服表面活性剂在岩层被吸附及用量大、价格贵等缺点，利用原油中含有各种有机酸如环烷酸，注入碱性水（$NaOH$、Na_2CO_3、Na_4SiO_4、Na_2SiO_3、NH_4OH 等）使其在地层生成表面活性剂来驱油，可提高采收率10%以上。

近年来，为了减少岩石对高碱性碱的消耗，又使用了低碱性的碱，如：$NaHCO_3$，$NaHCO_3+Na_2CO_3$等。这些碱可与原油中的酸性成分（如环烷酸）反应，生成具有活性的物质。如：

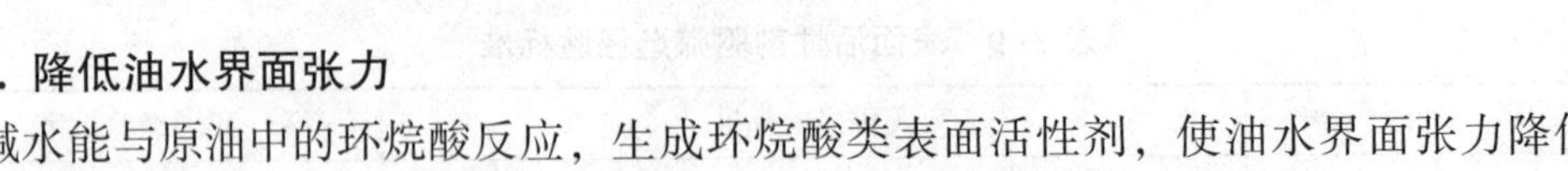

美、法等国竞相研究，并已在现场应用，效果较好，我国大庆油田、胜利油田在这方面也做了大量工作，发表了室内研究及现场试验报告。

一、碱水驱油提高采收率的机理

1. 降低油水界面张力

碱水能与原油中的环烷酸反应，生成环烷酸类表面活性剂，使油水界面张力降低，有利于提高驱油效率。

例如，2,2,6-三甲基环乙酸与苛性碱反应生成的环烷酸钠皂，是一种 O/W 型乳化剂，反应过程如下：

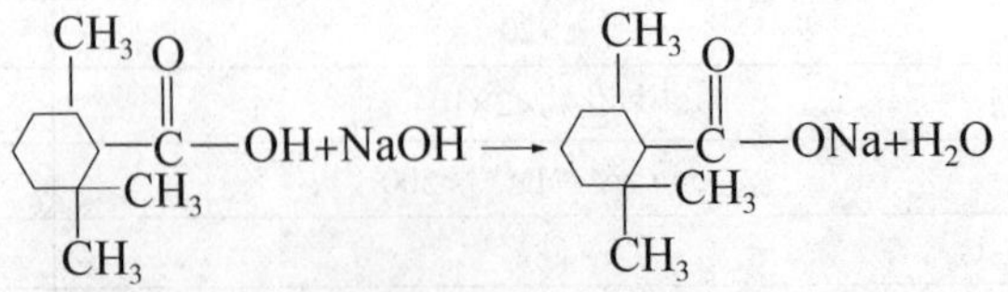

2. 乳化-携带原油作用

生成的表面活性剂可以使油乳化成水油滴，随碱携带着通过地层而采出。

3. 乳化-捕集作用

生成的乳化液在多孔介质中滞留造成液阻效应，改善了水油流度比，使水进入尚未驱替的孔隙中，提高波及系数。

4. 改变岩石润湿性

加碱形成的表面活性剂在岩石上吸附可使原来的亲水油藏反转为亲油油藏，使原来亲水条件下捕集下来的油滴在表面张力降低下沿固体表面铺展，使孔隙喉道解堵。

随驱替进行，当化学剂的峰带通过孔隙和润湿反转剂的黏度开始下降时，固体表面又开始恢复到原有亲水条件。原来沿固体表面散开而进入小孔道和裂隙中的油，因为水湿复原，又从孔隙中被驱替出来，因而提高了采收率。

5. 溶解硬质界面膜

在水驱油中，油水界面会形成硬质薄膜，原油中的沥青质、树脂难溶于油，会堵塞小孔道而影响驱油效果。原油中的卟啉金属络合物、醛、酮、酸、氮化物等都有形成薄膜的可能，NaOH 可溶解这些薄膜，而使被堵塞的小孔解堵，提高波及系数，因而提高采收率。

根据碱水驱油机理，主要由于 NaOH 与原油中的有机酸生成表面活性剂，因此原油中的酸值必须大于 0.2mg KOH/g 原油(酸值是中和 1g 原油所需的 KOH 毫克数)，原油与 NaOH 溶液之间的界面张力必须低于 $0.01mN \cdot m^{-1}$，NaOH 浓度为 0.05% ~ 0.5%(质量分数)，pH = 12.5。

二、碱水驱油的条件

(1) 碱水驱油的必要条件是原油中含有能够产生表面活性剂的酸性成分。适合碱水驱的原油必须具有一定酸值，酸值大于 0.2mgKOH/g，但酸值不是唯一的筛选标准。

(2) 原油与 NaOH 溶液之间的界面张力必须低于 $0.01mN \cdot m^{-1}$，NaOH 浓度为 0.05 ~ 0.5%。

经中科院兰州物理所对大港、胜利、玉门三个油田的原油研究发现，原油中含有一定的酸性物质，引起乳化的活性组分有含氧化合物，有机酸(脂肪酸、环烷酸及芳香酸均有)只是其中的一种，还有少量酯、醚等。

乳化馏分的相对分子质量主要在 194 ~ 319 之间。

对于两种酸值接近的原油，比如：大港 YI、YU 油组的酸值接近，分别为 2.26 ~ 2.23mgKOH/g 原油，但 YU 的乳化程度和所形成的乳状液的稳定性均较 YL 原油低。YU 原油较快地分层。可见，原油中其他成分对碱水驱形成乳状液仍有影响。

(3) 渗透率>50mD(砂岩)。

(4) 油层温度<90℃。

三、影响碱水驱油的因素

1. 高价金属离子的影响

地层中的 Ca^{2+} 浓度应小于 $1mg \cdot L^{-1}$，否则生成的表面活性剂会和 Ca^{2+} 反应变成环烷酸

钙皂沉淀而失去作用。可使用 Na_2CO_3 来除去地层的 Ca^{2+}、Mg^{2+} 或加螯合剂把 Ca^{2+}、Mg^{2+} 螯合掉。

2. 泥质(黏土)含量的影响

泥质含量高会消耗 NaOH 而影响驱油效果，主要发生以下反应：

$$Ca-黏土 + NaOH \longrightarrow Na-黏土 + Ca(OH)_2$$
$$H-黏土 + NaOH \longrightarrow Na-黏土 + H_2O$$

某研究所研究得出：泥质从 0 增至 25%，注碱性水驱油效率降低 12% 左右。纯矿物的碱耗见表 3-10，所以泥质含量高的油层不适宜注碱性水。

表 3-10　纯矿物的碱耗

矿物名称	石英、方解石、白云石	高岭石	伊利石	蒙脱石	无水石膏
100g 矿物耗 NaOH 量/mg	很少	13	136	228	1160

四、碱水驱油筛选标准

碱水驱油筛选标准见表 3-11。

表 3-11　碱水驱油筛选经验标准

项　目	美国经验标准	我国经验标准
原油黏度/mPa·s	<200	<100
相对密度	0.8498～0.9792	<0.95
酸值/(mgKOH/g)	>0.2 最好 0.5	>0.2
原油饱和度/%		<60
油层温度/℃	<93.3	<90
渗透率 K/mD	>20	>50
岩性	砂岩	砂岩
限制条件	黏土与石膏含量小，避免碳酸岩，碱与原油的 $\sigma < 0.01N/m$	同美国

五、改型碱水驱油

从影响碱水驱的因素及其筛选标准可以看出，原油的酸值必须大于 0.2mgKOH/g，碱水驱的流度低，影响驱油效果，因此人们研究出改型碱水驱。

① 若所驱油田原油酸值不能满足大于 0.2mgKOH/g 要求，可用碱与含酸值高的原油先混合再注入酸值低的油田驱油。

② 分步法碱水驱，原油中各种活性物质对碱的反应能力不同，有些与低浓度的碱液就可反应，有些则要与浓碱反应，因此可用分步法碱水驱。先注稀碱液，然后逐渐分段增加碱液浓度，使碱液用量相同，便可采出更多的残余油。

③ 流度控制碱水驱。

a. 碱性水聚合物驱，碱性水后注入聚合物段塞，以改善驱油流度比，或碱与聚合物混合驱，这种方法比单独碱水驱或聚合物驱采收率高得多，但聚合物往往易与碱、盐发生作用，影响驱油效果，目前尚在研究之中。

b. 双液法，即交替注 Na_2SiO_3 与 $CaCl_2$，中间用水隔开，注入流体先进入高渗透层，反应生成沉淀堵塞高渗透层，从而控制了流度，提高碱水驱效率。

④ 碱性水表面活性剂驱。碱性水与表面活性剂结合使用，以弥补原油中天然表面活性剂的不足，提高驱油效果。

⑤ 碱性水-表面活性剂-聚合物复合驱。这是近几年研究的新动向，复合驱可弥补单种驱油方法的不足，可望达到最高驱替效率和最佳经济效益。

六、碱水驱油存在的问题

碱水驱油过程中主要面临以下四个问题：

① 碱耗：在碱水驱油的过程中，会有大量的碱损耗于与地层水中的二价金属离子反应中。因此，碱水驱油的地层中石膏和黏土的含量不能太高。

② 结垢：配碱溶液用水中的 Ca^{2+}、Mg^{2+}，可引起注入系统和注入井近井地带结垢，碱与 Ca-黏土地层矿物反应产生的可溶性硅酸盐和铝酸盐，也可在油井产出时与其他方向来水中的 Ca^{2+}、Mg^{2+} 反应，引起油井近井地带和生产系统结垢。

③ 乳化：产出液为原油与水的乳化液，需要做破乳处理。

④ 流度控制：由于碱水的流度高，而油的流度低，所以碱水很容易沿高渗透层指进入油井，而不起驱油作用。需要注入流度控制剂来控制流度。

第四节 复合驱油

复合驱油是以聚合物、碱、表面活性剂等两种或两种以上的驱油成分组合起来的驱动。不同的驱油组分按不同的方式组成为不同的复合驱，如碱+聚合物叫稠化碱水驱或碱强化聚合物驱；表面活性剂+聚合物叫稠化表面活性剂驱或表面活性剂强化聚合物驱；碱+表面活性剂的驱动叫碱强化表面活性剂驱或表面活性剂强化碱水驱；碱(A)+表面活性剂(S)+聚合物(P)叫三元复合驱，简称 ASP 三元复合驱。

一、三元复合驱油的机理

三元复合驱是在单一驱动和二元复合驱的基础上发展起来的，相比于后两者，三元复合驱具有更好的驱油效果，这主要是由于三元复合驱中三种驱油成分聚合物、表面活性剂、碱具有协同效应，它们在协同效应中起着各自的作用。

1. 碱的作用

① 碱与原油中的有机酸反应生成烷烃链羧酸皂和环烷酸皂，它们吸附在油水界面，使油水界面张力变低，使毛细管力阻滞作用降低，使被圈捕的原油参与流动。

② 碱同加入的表面活性剂产生协同作用，增大界面活性。

③ 碱与岩石表面的矿物产生离子交换，提高负电性，减少岩石表面对聚合物和表面活性剂的吸附量。

④ 碱与 Ca^{2+}、Mg^{2+} 反应以及和黏土进行离子交换，起牺牲剂作用，可以保护表面活性剂与聚合物。

⑤ 碱与石油酸反应生成的表面活性剂将油乳化，提高了驱油介质的黏度，因而加强了聚合物控制流度的能力。

⑥ 碱的加入可以有效提高聚合物的稠化能力，也可以提高生物聚合物的生物稳定性。

2. 表面活性剂的作用

① 表面活性剂可以降低聚合物溶液与油的界面张力，使它具有洗油能力。

② 表面活性剂可使油乳化，提高了驱油介质的黏度。乳化的油越多，乳状液的黏度越高。

③ 表面活性剂可以与聚合物形成络合结构，可提高聚合物的增黏能力。

④ 表面活性剂可以进一步补充碱与石油酸反应产生的表面活性剂。

3. 聚合物的作用

① 增加驱替水系的黏度，降低水的流度，从而大大降低水油流度比，以减缓指进现象，改善油层横向及微观孔隙结构的非均质情况，缓解窜流、绕流等现象，增加驱替水的波及面积。

② 改善驱替水在油层间垂直方向的分配比，调整吸水剖面，增加低渗透层和正韵律沉积层内上层部位的吸水能力，从而减缓水沿高渗透层窜进的现象，改善驱替水的波及效率。

③ 当聚合物浓度适中时，能够保护表面活性剂，有效避免与 Ca^{2+}、Mg^{2+} 反应，防止形成低表面活性的盐类。

④ 稠化驱油介质，减小表面活性剂和碱的扩散速率，减少药耗。

⑤ 聚合物可以提高碱和表面活性剂形成的水包油乳状液的稳定性，使波及系数和洗油能力有较大的提高。

在三元复合驱的作用过程中，各成分相互作用，提高了驱油效率，而且在三元复合驱中将廉价的碱与表面活性剂、聚合物复合驱替，可以在保持相近的驱油效果下，大大减少了昂贵的表面活性剂的用量，降低了成本，提升了经济效益。

二、影响三元复合驱油的因素

在三元复合驱油的过程中由于有多种成分参与，所以影响驱油效率的因素有很多，主要是驱油剂的浓度和岩石表面的性质。

1. 驱油剂浓度

① 碱浓度的影响：碱浓度增加会降低油水界面张力，但是当碱浓度增大到一定的程度，油水界面张力会不降反升。碱的加入可以利于聚合物的水解，增加驱替溶液的黏度，但是当溶液中 Na^+ 浓度增加过大时，会压缩扩散双电层，使其黏度随着碱溶液浓度的增加而降低，即发生了絮凝。

② 表面活性剂浓度的影响：表面活性剂是降低油水界面张力的主要因素，表面活性剂的浓度对形成超低界面张力的最佳含盐量有很大影响，因此在选择表面活性剂时，浓度一

定要与最佳含盐量相对应。

2. 岩石表面性质

三元复合驱主要作用于砂岩油藏。碳酸盐岩地层由于含有大量可消耗碱剂的硬石膏或石膏，碱性物质也会与黏土等矿物质起化学反应，黏土含量高时还会增加表面活性剂的吸附，使驱油效率下降。

除了以上两个方面，原油的化学组成、地层水的矿化度及 pH 值等也是影响三元复合驱效果的因素。

三、三元复合驱油存在的问题

由于复合驱油是由两种或两种以上驱油成分组合起来的驱动，所以三元复合驱也会存在三种驱油方法所存在的问题，这些问题在之前的章节已经有过讲解。但是，在三元复合驱作用过程中还会出现色谱分离现象。

色谱分离现象是指组合的驱油成分以不同的速度流过地层的现象。这主要是由于各驱油成分在地层表面的吸附能力不同，色谱分离现象的发生会降低三元复合驱中各驱油成分间的协同作用。在三元复合驱的过程中组合驱油成分发生色谱分离现象是不可避免的，只有加入牺牲剂对地层进行预处理才能缓解这一现象。

思考题

【3-1】为什么部分水解聚丙烯酰胺适合作驱油剂？

【3-2】聚合物驱油的影响因素有哪些？

【3-3】活性水与碱水驱油机理是什么？有什么相同和不同处？

【3-4】泡沫稳定的机理是什么？如何使泡沫稳定？

【3-5】微乳液、乳状液、胶束溶液有什么区别及联系？

【3-6】简述微乳液驱油机理。

【3-7】试说明三元复合驱目前存在的问题有哪些？怎样解决或缓解？

第四章 油气井的化学改造

随着油气田勘探开发技术水平的不断提高，在油气田越来越广泛地采用各种化学手段来解决油气田开发和开采中遇到的问题。油水井的化学改造主要是利用化学方法对油层近井地带进行处理。解决油水井问题的化学用剂和化学用液主要包括堵水（调剖）剂、防砂胶结剂、防蜡剂、清蜡剂等。

第一节 油水井化学堵水

油井出水是油气田开发过程中存在的一个普遍问题，特别是采用注水开发多层合采的油气田，更是如此。它给油气井生产、油气集输和油气田开发工作带来了十分严重的影响。随着开发的进行，地层水（边水、底水）或注入水的不断推进，由于地层非均质性、油水流度比及开发方案或施工不当等原因，导致油井含水快速上升，过早水淹，降低了原油采收率。因此，在油气田开发过程中必须及时注意油井出水动向，利用各种找水措施，确定出水层位，采取相应的堵水方法。较为成熟的解决方法就是注水井调剖和生产井堵水。

油井堵水是通过化学试剂经油井注入，降低近井地带水相渗透率，减少油井出水。

注水井的堵水（调剖）是通过向注水井注入化学试剂，达到降低高吸水层的吸水量，调整注水剖面，提高波及系数。

一、出水原因和危害

1. 出水原因

油井出水按水的来源可分为注入水、边水、底水及下层水、上层水和夹层水。注入水、边水及底水，在油藏中虽然处于不同位置，但它们都与油在同一层，可统称为同层水。上层水、下层水及夹层水是从油层上部或下部的含水层及夹于油层之间的含水层中窜入油气井的水，由于它们是油层以外的水，所以统称为外来水。

（1）注入水及边水

由于油层的非均质性、油水流度比的不同及开采方式不当，随着油水边缘的推进，使注入水及边水沿高渗透层及高渗区不均匀推进，在纵向上形成单层突进，从横向上形成舌进，使油气井过早水淹。

（2）底水

当油气田有底水时，由于油气井生产时在地层中造成的压力差，破坏了由于重力作用建立起来的油水平衡关系，使原来的油水界面在靠近井底时，呈锥形升高，这种现象叫底水锥进，其结果使油气井在井底附近造成水淹，产水量上升，产油量下降。

（3）外来水

上层水、下层水及夹层水这些外来水或是因为油气井围井质量不高，或套管损坏(地层水腐蚀或盐岩流动挤压)而窜入油井，或者是由于射孔时误射水层等使油井出水。

综上所述，油井出水的原因可分为自然因素和人为因素两类。自然因素包括地质非均质及油水流度比不同；人为因素包括固井质量不合格、误射水层及注采失调。

总之，边水内侵，底水上锥，注采失调是油井见水早，含水率上升快，原油产量大幅度下降的根源。同层水进入油井是不可避免的，为使其缓出水、少出水，必须采取控制和必要的封堵措施，而对于外来水则在可能的条件下采取将水层封死的措施。

2. 出水危害

油井出水会严重影响油气田的经济效益，使井降为无工业价值的井。具体表现在以下两个方面：

（1）降低油井产量

油气井见水早，造成注水井的波及系数降低，增大了井底附近的含水饱和度，降低油气井相对渗透率引起水堵。油井出水后，使得非胶结性储层结构破坏，造成油井出沙或堵塞地层。产出水结垢堵塞孔道，油水乳化造成乳堵，同时产出水加剧井下设备的腐蚀，造成油井事故。

（2）增加地面作业费用

油井产水后，增大了产出液的密度和体积，井底油压增大，使得自喷井停止自喷转为机械抽油，增大投资和能耗；产液量的增加，使地面脱水的费用增加并增加整个工艺上的复杂性(集输，污水处理，环境治理等)。

二、堵水作业

堵水作业，确切地说应该是控制水油比或控制产水。其实质是改变水在地层中的流动特性，即改变水在地层中的渗流规律。堵水作业根据施工对象的不同，分为油井(生产井)堵水和注水井(注入井)调剖两类。其目的是补救油水井的固井状况和降低水淹层的渗透率(调整流动剖面)，提高油层的产油量。

在油井内所采用的堵水方法可分为机械堵水和化学堵水两类。根据堵水剂对油层和水层的堵塞作用，化学堵水可分选择性堵水和非选择性堵水；根据施工要求又可分为永久堵水和暂堵；根据地层特性还可分为碳酸盐岩(缝洞地层)堵水和砂岩堵水。

无论油井(生产井)堵水和注水井(注入井)调剖都可采用单液法或双液法的施工工艺。

机械堵水：利用机械方法或纯物理作用封堵水层，一般用封隔器将出水层在井筒内卡开，以阻止水流入井内。

化学堵水：利用化学方法和化学堵剂通过化学作用封堵水层或油层的方法。

非选择性堵水：堵剂在油井地层中能同时封堵油层和水层的化学堵水。由于没有选择性，施工时必须首先找出产水层段，并采用适当的工艺措施将油水层分开，然后将堵剂挤入水层，造成堵塞。

选择性堵水：堵剂只与水起作用而不与油起作用，故只在水层造成堵塞而对油层影响甚微；或者可改变油、水、岩石之间的界面特性，降低水相渗透率，起只堵水而不堵油的作用。当然，堵水和堵油是相对而言的，选择性堵水意味着能明显降低出水量而不严重地影响出油量，不能理解为绝对堵水不堵油。例如，Halliburton 公司研制的 WOR-CON 选堵剂堵水率为 80%~85%（体积分数），而堵油率仅为 5%~7%（体积分数），而 FLOPERM325 堵剂，在盐水中堵水率达 90%（体积分数）以上，对油层几乎无影响。

单液法：是指将一种液体（含有固相微粒的乳液或无固相）注入地层指定位置，经过物理或化学作用，使液体变为凝胶、冻胶、沉淀或高黏流体的方法。能够用于这种施工工艺的堵剂叫单液法堵剂。单液法堵剂的优点是能充分利用药剂，因堵剂是混合均匀后注入地层的，经过一定时间后全部堵剂都在地层起作用（而双液法不是）；其缺点是由于产生堵塞的时间短只能封堵近井地带，且受所处理地层温度的限制。

双液法：由两种相遇后可生成封堵物质的液体组成双液法堵剂，两种流体之间用隔离液（通常为柴油）隔开。隔离液前面的液体叫第一反应液，后面的液体叫第二反应液，随着液体向地层内推进，隔离段越来越薄，当推至一定程度，隔离段将失去隔离作用，两种液体相遇并发生反应，产生封堵地层的物质，封堵地层出水段，这种施工方法叫双液法（图4-1）。

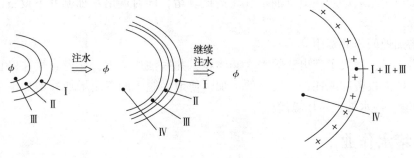

图4-1 双液法调剖
Ⅰ、Ⅲ—第一和第二反应液；Ⅱ—隔离液

由于高渗透层吸入更多的处理液，所以封堵主要发生在高渗透层。为了使第二反应液易于进入第一反应液，须将第一反应液加以稠化。双液法的优点是封堵距离可控，可封堵近井地带和远井地带，只要改变隔离液用量，就能封堵地层的不同位置。这种工艺方法的缺点是药剂不能充分利用。

三、油井化学堵水剂

1. 非选择性堵水剂

油井非选择性堵剂对水和油都没选择性，既可堵水，也可堵油，适用于堵单一水层或高含水层。它可分为四类：树脂型堵剂、沉淀型堵剂、凝胶型堵剂和冻胶型堵剂。

（1）树脂型堵剂

树脂型堵剂是指由低分子物质通过缩聚反应产生的具有体型结构，不溶不熔的高分子物质。树脂按其受热后性质的变化可分为热固型树脂和热塑型树脂两种。热固型树脂是指成型后加热不软化，不能反复使用的体型结构的物质；而热塑型树脂则是指受热时软化或变形，冷却时凝固，可反复使用的具有线型或支链型结构的大分子。

非选择性堵剂常采用热固型树脂，如酚醛树脂、脲醛树脂、环氧树脂、糠醇树脂、三聚氰胺–甲醛树脂等；非选择性堵剂采用的热塑型树脂有乙烯–醋酸乙烯酯共聚物。施工时将液体树脂挤入水层，在固化剂的作用下，成为具有一定强度的固态树脂而堵塞孔隙，达到封堵水层的目的。

①酚醛树脂　将市售酚醛树脂（20℃时黏度为$150 \sim 200 \mathrm{mPa \cdot s}$），按一定比例加入固化剂（草酸或$\mathrm{SnCl_2 + HCl}$）混合均匀，加热到预定温度，至草酸完全溶解酚醛树脂且呈淡黄色为止，然后挤入水层便可形成坚固的不透水的屏障，酚醛树脂与固化剂的比例及加热温度需要通过试验加以确定。

酚醛树脂的结构式为

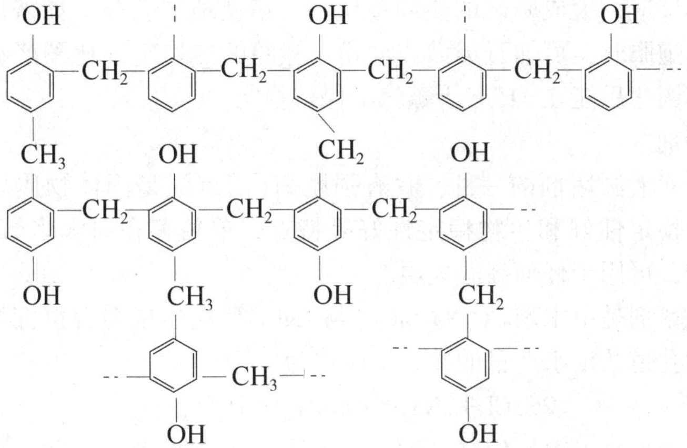

②脲醛树脂　脲与甲醛在$\mathrm{NH_4OH}$等碱性催化剂作用下缩聚成体型高分子化合物，称为脲醛树脂，其结构式为

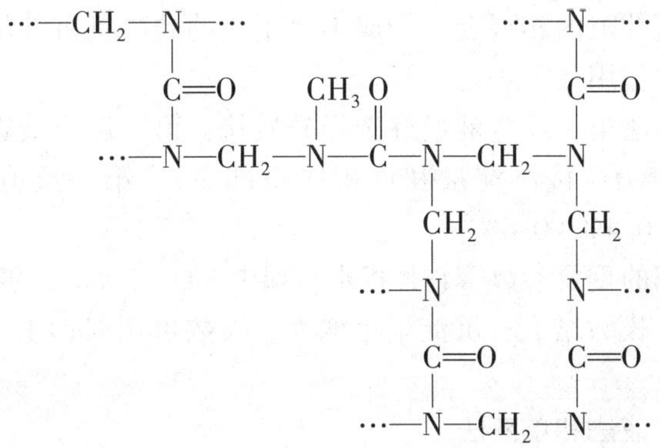

③环氧树脂　环氧树脂为热固型树脂，常用作黏合剂和制作电子组件，强度比酚醛或糠醇树脂高，常用的环氧树脂有环氧脂肪树脂、环氧苯酚树脂和二烯烃环氧树脂。施工时，

在泵注前可向液态环氧树脂中添加几种硬化剂，硬化剂和环氧树脂反应后使其聚合成坚硬惰性的固体。通常环氧树脂是双酚-A 和环氧氯丙烷在碱性条件下反应的产物，硬化剂为乙二胺、多元酸酐等，稀释剂为乙二醇—丁基醚。

④糠醇树脂　糠醇是一种琥珀色液体，沸点为 174.7℃，熔点为 -15℃，密度为 $1.13g/cm^3$，在 20℃时黏度为 5mPa·s，在有酸存在时，糠醇本身进行缩合反应生成坚固的热固型树脂，其化学结构式及反应式如下：

$$
\text{结构式} \quad \underset{O}{\overset{\displaystyle CH=CH}{\underset{CH}{|}\ \underset{C}{|}}}-CH_2OH \quad \text{或} \quad \boxed{}-CH_2OH
$$

$$
\text{反应式} \quad n\boxed{}-CH_2OH \xrightarrow{H^-} \boxed{}-CH_2\left[\boxed{}-CH_2\right]_n\boxed{}-CH_2OH+nH_2O
$$

糠醇本身不能自聚，通常作为表面活性剂与酚醛树脂和呋喃树脂一起作用，但遇酸可发生自聚。糠醇堵水是将酸液（质量分数为 80% 的 H_3PO_4）打入欲封堵的水层，然后泵入糠醇溶液，中间加隔离液（柴油）以防止酸与糠醇在井筒内接触。当酸与糠醇在地层中混合后，便发生剧烈的放热反应，生成坚硬的热固型树脂，堵塞地层孔隙。如需加大强度来封堵裂缝、孔洞、窜槽及炮眼时，可加石英砂或硅粉。糠醇的热稳定性比酚醛树脂或环氧树脂都好，据报道，糠醇固化后能在 315℃ 干蒸汽下保持稳定。

（2）沉淀型堵剂

沉淀型堵剂是双液法堵剂的一种，具有强度高（因沉淀是固体物质）、剪切稳定性好、热稳定性高、化学稳定性好和生物稳定性好等特点，单独存在时大多数是很稳定的物质，不受微生物的影响，可用于任何高温地层。

常见的沉淀型堵剂是由水玻璃（Na_2SiO_3）与 $CaCl_2$ 反应生成混合沉淀堵剂，其封堵能力强，常用于封堵大孔道及出水严重的井。反应式为

$$2CaCl_2+2Na_2O \cdot nSiO_3+mH_2O \longrightarrow$$
$$4NaCl+CaSiO_3 \cdot (m-1)H_2O\downarrow+(2n-1)SiO_2\downarrow+Ca(OH)_2\downarrow$$

上述反应的沉淀物分别为：$CaSiO_3 \cdot mH_2O$、SiO_2 白色透明凝胶和 $Ca(OH)_2$，使用时将一定模数的水玻璃溶液和一定数量的 $CaCl_2$ 溶液用惰性液体（柴油）隔开，交替挤入高出水层内，两溶液在地层岩石孔隙内相混合，生成不溶于水的硅酸钙沉淀堵塞岩石孔隙，阻止注入水流入油井而起堵水作用

常见的沉淀型双液法第一反应液最好选择硅酸盐，第二反应液选择顺序是钙离子、镁离子、铁离子和亚铁离子（按沉淀量和堆积体积排序）。第一反应液需稠化，一般选用 HPAM，其质量分数为 0.4%~0.6%。

模数是选用水玻璃的重要参数，它是指水玻璃中 SiO_2 与 Na_2O 的物质的量比，因为沉淀主要是由 SiO_2 组成的，模数增大，沉淀量也增大。模数可用 NaOH 来调整，通常模数选用 2.8~3.0 为宜。

常用施工方法有双液法和单液法。

双液法：将水玻璃（40%）与 $CaCl_2$（38%~42%）交替注入，中间有隔离液，每段堵剂用量不超过 $3m^3$，隔离液为 200 L。

单液法：先将 $CaCl_2$ 加碱转化为 $Ca(OH)_2$，再与水玻璃混合注入地层。

单液法用于处理近井地带，双液法用于处理远井地带。

（3）水基水泥

由水泥和水组成。比重最好为 1.6~1.8。每米厚度用量为 200~400L，用油将水基水泥替出水层段，然后将它挤入水层，固化后即可。缺点是易污染油井段，不易进入深部地层。水泥类堵剂还有油基水泥(油作连续相)。泡沫水泥和水泥聚合物等。

（4）凝胶型堵剂

凝胶的定义是固态或半固态的胶体体系，是由胶体颗粒、高分子或表面活性剂分子相互连接形成的空间网状结构。凝胶结构空隙中充满了液体，液体被包裹在其中无法移动，体系没有流动性，介于固相与液相之间。

凝胶与冻胶的区别在于：首先，在化学结构上，凝胶是以化学键交联，冻胶则以次价键力缔合，在不破坏化学键的情况下，凝胶不会产生流动性，即具有不可逆性，而冻胶在温度升高、搅拌、振荡等作用下，结构被破坏，产生流动性，一旦外在条件恢复，可重新形成高黏结构，即具有可逆性。其次，凝胶含液量适中，冻胶含液量较高，通常大于 90%（体积分数）。

凝胶分为刚性凝胶(如硅酸凝胶等无机凝胶)和弹性凝胶(如线型大分子凝胶)。常见的凝胶堵剂有硅酸凝胶、氰凝堵剂、丙凝堵剂和盐水凝胶堵剂。

①硅酸凝胶 现场常用 Na_2SiO_3 制备硅酸凝胶，凝胶的强度可通过模数来控制，凝胶强度与模数成正比。硅酸凝胶又分酸性凝胶和碱性凝胶，前者是将硅酸钠加入酸中制得，成胶时间短、凝胶强度大；后者是将酸加入硅酸钠溶液中制得，成胶时间长、凝胶强度小。酸能引发硅酸钠胶凝，故称活化剂，除酸外，活化剂还有二氧化碳、硫酸铵、甲醛、尿素等。

堵水机理：Na_2SiO_3 遇酸后，先形成单硅酸，后缩合成多硅酸，多硅酸是长链结构形成的空间网状结构，在其网状结构中充满了呈凝胶态的液体，依靠这种凝胶物封堵油层出水部位。硅酸凝胶结构如下：

$$
\begin{array}{ccccccc}
 & \overset{\displaystyle OH}{\underset{\displaystyle |}{}} & & \overset{\displaystyle OH}{\underset{\displaystyle |}{}} & & \overset{\displaystyle OH}{\underset{\displaystyle |}{}} & & \overset{\displaystyle OH}{\underset{\displaystyle |}{}} \\
\cdots\!-\!O\!-\!Si\!-\!O\!-\!Si\!-\!O\!-\!Si\!-\!O\!-\!Si\!-\!\cdots \\
 & | & & | & & | & & | \\
 & O & & O & & O & & O \\
 & | & & | & & | & & | \\
\cdots\!-\!O\!-\!Si\!-\!O\!-\!Si\!-\!O\!-\!Si\!-\!O\!-\!Si\!-\!\cdots \\
 & | & & | & & | & & | \\
 & O & & O & & O & & O \\
 & | & & | & & | & & | \\
\cdots\!-\!O\!-\!Si\!-\!O\!-\!Si\!-\!O\!-\!Si\!-\!O\!-\!Si\!-\!\cdots \\
 & | & & | & & | & & | \\
 & O & & O & & O & & O \\
 & \vdots & & \vdots & & \vdots & & \vdots
\end{array}
$$

硅酸凝胶可用于砂岩地层，温度在 16~93℃ 范围。除酸外，加其他化学剂可用于灰岩或温度更高的地层。在张性裂缝或孔洞中，固化物对流体并无很大阻力，一般加石英砂或硅粉提高其强度，加入聚合物增加黏度有助于悬浮固体，提高处理效果。

硅酸凝胶的优点在于价廉且能处理井径周围半径 1.5~3.0 m 地层，能进入地层小孔隙，

油气田应用化学

在高温下稳定。其缺点是 Na_2SiO_3 完全反应后微溶于流动的水中，强度较低，需要加固体增强或用水泥封口。此外，Na_2SiO_3 能和很多普通离子反应，处理层必须验证清楚并与上下层隔开。美国曾作业 500 井次，成功率为 80%，国内某油田作业 13 井次，成功 9 井次。

②氰凝堵剂　由聚氨酯主剂、丙酮溶剂和增塑剂邻苯二甲酸二丁酯组成。当氰凝材料挤入地层后，聚氨酯分子两端所含异氰酸根与水反应，形成坚硬的固体，封堵地层。

现场配方(质量比)为聚氨酯：丙酮：邻苯二甲酸二丁酯=1：0.2：0.05。该堵剂作业时要求绝对无水，且需大量有机溶剂，故还需进一步研究。

③丙凝堵剂　丙烯酰胺(AM)和 N,N-亚甲基双丙烯酰胺(MBAM)的混合物，在过硫酸铵的引发和铁氰化钾的缓凝作用下，聚合生成不溶于水的凝胶封堵地层，可用于油井和水井。常用配方(质量比)为 AM：MBAM：过硫酸铵：铁氰化钾=(1~2)：(0.04~0.1)：(0.016~0.08)：(0.0002~0.028)。凝胶时间受温度及过硫酸铵和铁氰化钾含量的影响。例如，温度为 60℃，过硫酸铵占 0.2%，铁氰化钾占 0.001%~0.002%时，胶凝时间为 90~109 min。国内某油田用该剂堵水作业 11 井次，成功率 100%。如某井堵水前原油含水 68%(质量分数)，日产油 15t，堵后含水率 6%(质量分数)，日产油 49t，该堵剂适用于封堵油井单一水层和底部出水层。

④盐水凝胶堵剂　Wittington 研制了一种盐水凝胶堵剂，已在现场用于深部地层封堵。该凝胶由羟丙基纤维素(HPC)、十二烷基硫酸钠(SDC)及盐水组成，三者混合后形成凝胶，不需要加入铬或铝等金属离子作为活化剂，通过控制水的含盐度引发胶凝。HPC-SDC 淡水溶液的黏度为 80 mPa·s，与盐水混合后黏度可达 $7×10^4$ mPa·s，岩芯驱替实验表明，该凝胶可使水相渗透率降低 95%，且含盐度下降后可自行破胶。施工时不必对油藏进行特殊设计和处理，有效期达半年。

(5) 冻胶型堵剂

冻胶型堵剂是由高分子溶液经交联剂作用而形成的具有网状结构的物质。可被交联的物质有：聚丙烯酰胺 PAM、部分水解的聚丙烯酰胺 HPAM、羧甲基纤维素 CMC、羟乙基纤维素 HPC、羟丙基纤维素 HPC、羧甲基半乳甘露糖 CMGM、羟乙基半乳甘露糖 HEGM、木质素磺酸钠等。交联剂多为高价金属离子形成的多核羟桥络合离子，例如锆的多核羟桥络离子交联 HPAM 结构如下：

此外，还有醛类或醛与其他低分子物质缩聚得到的低聚合度树脂。

各种冻胶，如铬冻胶、铝冻胶、锆冻胶和醛冻胶等可采用单液法(高分子溶胶与交联剂混合)或双液法注入。

·88·

综合比较，在油井非选择性堵剂中，按堵水强度以树脂最好，冻胶、沉淀型堵剂次之，凝胶最差。按成本，则是凝胶、沉淀型堵剂最低，冻胶次之，树脂型最高。由此得出：沉淀型堵剂是一种强度较好而价廉的堵剂，加之它耐温、耐盐、耐剪切，所以是较理想的一类非选择性堵剂。在油井非选择性堵剂中，凝胶、冻胶和沉淀型堵剂都是水基堵剂，都有优先进入出水层的特点，因此施工条件较好的油井选择性堵水中同样也可使用。

2. 选择性堵水剂

选择性堵水适用于不易用封隔器将油层与待封堵水层分开时的施工作业。目前选择性堵水的方法发展很快，选择性堵剂的种类也很多。尽管选择性堵剂的作用机理有很大不同，但它们都是利用油和水、出油层和出水层之间的差异来进行选择性堵水的。这类堵剂按分散介质的不同可分为三类：水基堵剂、醇基堵剂和油基堵剂。它们分别以水、醇和油作溶剂配制而成。

（1）水基堵剂

水基堵剂是选择性堵剂中应用最广、种类多的一类堵剂，包括各类水溶性聚合物、泡沫、水包油型乳状液及某些皂类。其中，最常用的是水溶性聚合物。

①部分水解聚丙烯胺（HPAM）　以 HPAM 为代表的水溶性聚合物是目前国外使用最广泛和最有效的堵水材料。HPAM 对于油和水有明显的选择性，降低水的渗透率达 90%，而降低油的渗透率不超过 10%。注入地层后可限制井内出水，而不影响油气的产量，处理时不需测定出水源或封隔层段（注水井除外），处理成本较低。HPAM 是一种线型（带一定支链结构）高分子，可通过交联剂，使其形成网状结构，增加黏度，便于处理高渗或裂缝型地层。

HPAM 选择性堵水机理为：HPAM 溶于水使其能优先进入含水饱和度高的地层，在水层 HPAM 的 —$CONH_2$ 和 —COOH 可通过氢键吸附在地层表面而留在水层，在油层由于表面为油所覆盖所以 HPAM 不吸附在油层也不易保留在油层。

在水层，HPAM 未吸附部分由于链节带负电而向水中伸展，对水有较大的流动阻力，起到堵水作用。若水层中有油通过，由于 HPAM 不能在油中伸展，因此对油的流动阻力很小。另外，HPAM 可按含水饱和度的大小进入地层，并按含水饱和度的大小调整地层对液体的渗透性。HPAM 浓度为 $100 \sim 5000$ mg·L^{-1}，处理半径最好大于 12m。

为了提高堵水效果延长有效期可用高价金属离子 Al^{3+}、Zr^{4+} 或醛类作交联剂使之交联，提高吸附层强度。此类堵剂还有 HPAM 及丙烯酰胺、丙烯酸的共聚物。

②阴离子、阳离子及非离子三元共聚物（水基）　丙烯酰胺(3-酰胺基 3-甲基)丁基三甲基氯化铵共聚物是一种阴、阳、非三元共聚物，是由丙烯酰胺（AM）和(3-酰胺基-3-甲基)丁基三甲基氯化铵（AMBTAC）共聚水解得到，又称为部分水解 AM/AMBTAC 共聚物，相对分子质量大于 10×10^4，水解度为 $0 \sim 50\%$，堵水使用浓度为 $100 \sim 5000$ m g·L^{-1}，分子结构式如下：

$$\begin{array}{l}
\left[\begin{array}{c} CH_2-CH \\ | \\ CONH_2 \end{array}\right]_x \left[\begin{array}{c} CH_2-CH \\ | \\ COONa \end{array}\right]_y \left[\begin{array}{c} CH_2-CH \\ | \\ CONH \\ | \\ CH_3-C-CH_2-CH_2-N^+-CH_3Cl^- \\ | \qquad\qquad\qquad | \\ CH_3 \qquad\qquad\qquad CH_3 \end{array}\right]_z^*
\end{array}$$

其分子结构中的阳离子结构单元可吸附在带负电的砂岩表面,产生牢固的化学吸附;其阴离子、非离子结构单元除一定数量吸附外,主要是伸展在水中增加水的流动阻力,它比 HPAM 有更好的封堵能力。

丙烯酰胺(AM)和二烯丙基二甲基氯化铵(DADMC)共聚、部分水解,可得到另一种用于油井选择性堵水的阴阳非三元共聚物。

③泡沫 水作分散介质,气体作分散相。优先进入水层。在水层中泡沫通过气阻效应的叠加产生堵塞。而气泡进入油层后,油相对表面活性剂分子的采油部分吸引力大于气相。表面活性剂将由气水界面转到油水界面,引起泡沫破坏,那么它在油层就不会产生像在水层那样的堵塞。为了提高泡沫堵水效果,还必须加入 CMC、HEC、HPAM 等水溶性聚合物增加水的黏度来稳定泡沫。

堵水泡沫中,起泡沫浓度一般为 0.5%~3%,稳定剂浓度为 0.3~1.5,起泡沫溶液与气体的体积比为 1:(20~60)。

④水包稠油(O/W 乳状液) 这种堵剂是使用 O/W 型乳化剂将稠油乳化在水中形成 O/W 型乳状液,该乳状液以水为外相,所以黏度低,易进入水层。在水层中乳化剂被地层表面吸附,乳状液破坏,油珠合并为高黏的稠油,产生很大的流动阻力,因而减少出水层产水。水包稠油的乳化剂最好为阳离子型,因为它易吸附在带负电的砂岩表面,引起乳状液的破坏。

⑤黏土 黏土在水中有很高的分散性,当黏土溶液被注入含水油井中,它选择性地进入较高渗透率的水淹层并同时分散在岩石的孔隙间。它遇水膨胀,体积增大,堵住水流通道。而在低渗透性含油层形成泥饼,在油井重新投产后很容易被排出,从而取得堵水不堵油的效果。

⑥镁粉 用烃液或聚合物水溶液与镁粉配成的悬乳液堵水,堵剂与高矿化度地层水接触时形成氢氧化镁和氧化镁沉淀,以及足够坚固的低渗透性固体。镁粉也有可能进入油层,但油层中的残余水很少,水解反应实际上不进行,镁粒能长期维持裂缝的张开状态使油道畅通,因而具有选择性。由于镁粒的直径较大(1~3mm),这种堵水材料仅适用于大裂缝储层和大直径窜槽(≥3~10mm)的封堵。

⑦松香酸钠 松香酸($C_{19}H_{29}COOH$)呈浅色,高皂化点,非结晶。松香酸不溶于水,其钠皂、铵皂溶于水。

松香酸钠可与钙、镁离子反应生成不溶于水的松香酸钙、松香酸镁沉淀。

可见松香酸钠适用于水中钙、镁离子含量较大(例如大于 1000ppm)的油井堵水。由于

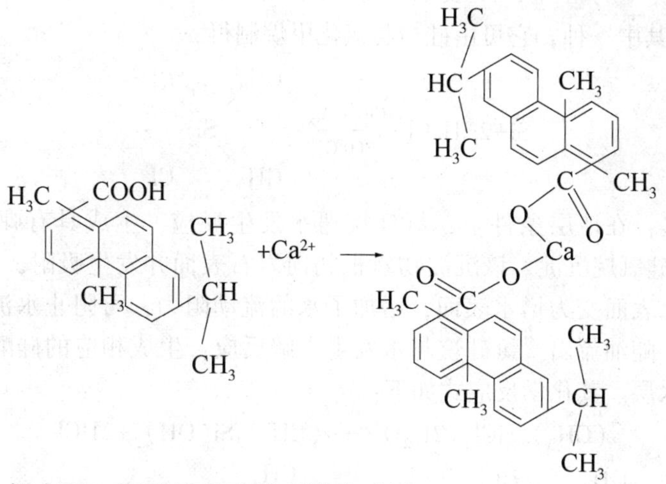

油层的油不含钙、镁离子，所以松香酸钠不堵塞油层。

常用的配方为松香：碳酸钠：水（质量比）＝1：0.176：0.5。施工时，在80~90℃下将熬制成的松香酸钠加水稀释到10%（体积分数）左右，挤入地下采油段即可。例如，某井处理前含水率89%，日产液4.3t，处理后含水率降至27%，日产液5.8t，效果较为明显。

除此以外环烷酸钠，脂肪酸钠等羧酸盐，选择性的封堵油层水中钙镁离子含量高的油井。

（2）醇基堵剂

①松香二聚物（醇溶液） 松香二聚物易溶于低分子醇，而不溶于水。其醇溶液与水相遇，水溶于醇中，降低了松香二聚物的溶解度，使之饱和析出。使用时以40%~60%醇溶液最好。

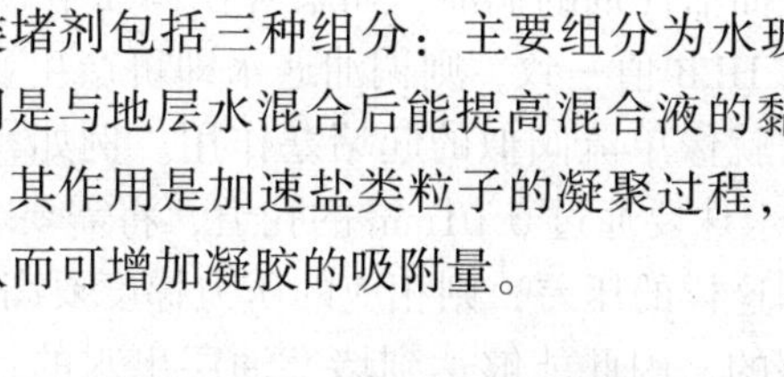

②醇基复合堵剂 这类堵剂包括三种组分：主要组分为水玻璃（模数为2.9）溶液；第二种组分为HPAM，其作用是与地层水混合后能提高混合液的黏度和悬浮能力；第三种组分是浓度不高的含水乙醇，其作用是加速盐类粒子的凝聚过程，乙醇能提高吸附离子接近硅酸胶束表面膜的能力，从而可增加凝胶的吸附量。

（3）油基堵剂

①有机硅类堵剂 有机硅类化合物包括 $SiCl_4$、氯甲硅烷和低分子氯硅氧烷等。它们对地层温度适应性好，可用于一般地层温度，也可用于高温（200℃）地层。

烃基卤代甲硅烷是有机硅化合物中使用最广泛的一种易水解、低黏度的液体，其通式

为 R_nSiX_{4-n}，其中 R 为烃基，X 表示卤素（F、Cl、Br、I），n 为 1～3 的整数。例如，$(CH_3)_2SiCl_2$ 就是其中一种，它可由硅粉与氯化甲烷制得

$$Si + 2CH_3Cl \xrightarrow[300℃]{Cu \text{ 或 } Ag} CH_3 \underset{CH_3}{\overset{Cl}{\underset{}{Si}}} Cl$$

其堵水机理是：在地层条件下，氯硅烷遇水发生反应，生成具有弹性的含硅氧硅键（Si—O—Si）的聚硅氧烷沉淀。该沉淀物氧根朝向岩石表面并发生吸附，而烷基表面朝外，从而使砂岩的亲水表面变为憎水表面，增加了水的流动阻力，可阻止水流。油层无水，氯硅烷不发生反应，随油流出。氯硅烷与水发生水解反应，生成相应的硅醇，进而缩合成聚硅醇沉淀封堵出水层。其化学反应式如下：

$$(CH_3)_2SiCl_2 + 2H_2O \longrightarrow (CH_3)_2Si(OH)_2 + 2HCl$$

$$n\ CH_3 \underset{CH_3}{\overset{Cl}{\underset{}{Si}}} Cl \longrightarrow HO \underset{CH_3}{\overset{CH_3}{\underset{}{Si}}} O \Big]_n H\downarrow + (n-1)H_2O$$

此外，由于聚硅醇对岩石的附着作用和形成分子内键的牢固结合，含饱和水的地层砂岩颗粒强度会大大加固，所以甲硅烷能够起到防砂的作用，适合于油层压力低、疏松粉细的砂岩油藏。氯硅烷与水反应时，放出 HCl 烟雾，腐蚀性大，对人体有害，且产品昂贵。现国外已用低分子、低毒、低腐蚀性的硅氧烷代替，或选用醋酸基硅烷、烷氧基硅烷等。

②聚氨基甲酸酯　堵水用的线型聚氨基甲酸酯是由多羟基化合物与异氰酸酯聚合而成，但在聚合时必须保持异氰酸基的数量超过羟基的数量。这样过剩的—CNO 遇水可发生以下作用：

$$—CNO + H_2O \longrightarrow NH_2 + CO_2$$

$$—NH_2 + —NCO \longrightarrow NH—CO—NH—$$

而脲键上的两个不活泼氢还可与其他来反应的—NCO 基反应使分子转化为体型的聚氨基甲酸酯，封堵水层，而在油层由于没有上面的反应所以不堵塞。

为了顺利施工还须加入下列成分稀释剂（二甲苯、二氯乙烷、四氯化碳等）、封闭剂（C_1～C_8 醇，消耗端基的—NCO，使堵剂不会变成体型结构）及催化剂（二甲基乙醇胺或三乙醇胺，调节封闭反应的速度）。

③活性稠油　指溶有表面活性剂的稠油，如果溶在稠油中表面活性剂的 HLB 值与稠油乳化成油包水乳状液所需的 HLB 值一致，则稠油遇水即可产生黏度比稠油高很多的油包水乳状液，乳状液中的小水珠就像单流阀似的起堵塞作用。例如，当界面张力为 $20mN \cdot m^{-1}$ 时，一滴直径为 0.1 mm 的水珠要通过 0.01mm 的孔道，将需要 120Pa 的压力来推动，如果要靠周围的平行流动来得到这样的压差，则相应的压力梯度要高达 8.0 MPa，加之这些狭窄的孔隙通道是一连串被堵塞的，因此能够达到堵塞油层出水的目的。当活性稠油被挤入油层时，它能与原油很好地混溶并保持其以原油为连续相的特性，因而不堵塞油层。另外，活性稠油还可以提高井底附近的含油饱和度，使油的有效渗透率提高，水的有效渗透率降低。

由于稠油中就含有相当数量的油包水型乳化剂，如：环烷酸、胶质、沥青质，所以也可将稠油直接用于选择性堵水。将氧化沥青溶于油中也可配成活性稠油，这种沥青既是油包水型乳化剂，也是油的稠化剂。使用时要用阴离子表面活性剂油溶液预处理地层，使之变为油润湿。

常用的配方为稠油：乳化剂（质量比）＝1∶（0 005~0.02），所用稠油含胶质、沥青质较高（两者之和大于50%），黏度为500~1000mPa·s，乳化剂可用AS、ABS、Span-80等。

④油基水泥　油基水泥就是水泥在油中的悬浮体。当将油基水泥注入出水层时，由于水泥表面亲水，水可置换水泥表面的油而与水泥作用使它固化，封堵水层。而进入油层的油基水泥，因不含水或含水少，不会引起油层堵塞。

水泥可根据地层温度选用油可用煤油、柴油和低黏原油。另外，还可加入表面活性剂以改善流动性，并控制水泥的固化时间。

综上所述，在选择性堵剂中，聚合物堵剂、泡沫堵剂和稠油堵剂以其各自的特点引起了人们的重视。部分水解聚丙烯酰胺有独特的堵水选择性，且易于交联，适用于不同渗透率的地层。泡沫虽有效周期短，但能用于大规模施工，成本低，且对油层不会产生伤害，是一种较好的选择性堵剂。稠油是堵剂中唯一可以回收使用的堵剂，它与泡沫有相同的优点，但使用时要注意地层的预处理(用阴离子表面活性剂油溶液处理)，使地层变成油润湿并增加水层的含油饱和度以利于稠油的进入。在水基、油基和醇基三类堵剂中，水基堵剂能优先进入出水层，而且比醇基堵剂便宜，因此与油基和醇基堵剂相比是一种更为可取的堵剂。

四、注水井堵剂

对于多油层注水开发的油气田，由于油层的非均质性，使注入水沿着高渗透条带突进是油井过早水淹的主要原因。出水油井采取堵水措施虽然也可以降低含水率，提高油产量，但有效期短，成功率不高，特别是严重非均质的油层更是如此。所以，解决油井过早水淹的问题还必须从注水井着手。如果说油井堵水是治"标"，那么注水井调剖就属治"本"。"标""本"兼治，则效果更佳。在注水井注入化学堵剂用于降低高渗透层段的吸水量，从而提高相应注水压力，达到提高中、低渗透层段吸水量，改变注水剖面（调剖），从而提高注入水的体积波及系数。体积波及系数是描述注入工作剂在油藏中的波及程度。

水井堵剂(调剖剂)通常分为两种：单液法堵剂和双液法堵剂。

1. 单液法堵剂

（1）石灰乳

石灰乳是氢氧化钙在水中的悬浮体，其颗粒直径较大（大于10^{-5}m）所以特别适用封堵裂缝性的高渗透层，由于氢氧化钙可与盐酸反应生成可溶于水的氯化钙：

$$Ca(OH)_2 + 2HCl \longrightarrow CaCl_2 + 2H_2O$$

因此，在不需要封堵时，可随时用盐酸解除。另外，除石灰乳外，还可用氢氧化镁、氢氧化铝、黏土、炭黑、塑料颗粒、果壳颗粒、水膨体颗粒等作为黑溶体封堵高渗透层。

（2）硅酸凝胶

典型的单液法堵剂。处理时只将一种液体溶液注入油层，经过一段时间后，硅酸溶胶即凝胶变成硅酸凝胶，将高渗透层堵住。

组成：水玻璃（或硅酸钠）和表面活性剂组成。

水玻璃：$Na_2O \cdot mSiO_2$，m 为模数，即 SiO_2/Na_2O 物质的量之比约在 $1 \sim 4$ 之间，m 越小，碱性越强。

表面活性剂：可使水玻璃从溶液变到溶胶再到凝胶的物质。主要是酸或能产生酸的物质。可分为有机（有机酸及酸或盐、酯）和无机活化剂（无机酸、酸或碱、氨基磺酸）。

由于制备方法不同，可得两种硅酸溶胶：酸性和碱性硅酸溶胶。生成的这种溶胶颗粒在 $0.01 \sim 1~\mu m$，比表面很大颗粒间易聚结而胶凝。

在酸性条件下，比如说将水玻璃加到盐酸中，H^+ 过剩，根据法杨斯法则，H^+ 优先吸附于胶粒表面，形成正电溶胶。

在碱性条件下，比如说将盐酸加到水玻璃中，SiO_3^{2-} 过剩，同样，SiO_3^{2-} 优先吸附于溶胶表面，形成负电溶胶。

二者在一定温度、pH 值和浓度下，在一定时间内都可胶凝。

例如：$10\% HCl + 4\% Na_2O \cdot 3.43SiO_2$ 配成 $pH = 1.5$ 的酸性溶胶，在 70℃ 下胶凝时间可达 8h。

（3）铬冻胶

以 Cr^{3+} 作交联剂，交联含—COONa 的高分子（如 HPAM、CMC 和钠羟甲基胶等）而得到。

Cr^{3+} 来源：$KCr(SO_4)_2$、$CrCl_3$、$Cr(NO_3)_3$、$Cr(CH_3COO)_3$，也可用 Cr^{6+} 还原得到 $K_2Cr_2O_7$ 和 $Na_2Cr_2O_7$，用 $Na_2S_2O_3$、Na_2SO_3 或 $NaHSO_3$ 还原得到 Cr^{3+}。

Cr^{3+} 离子具有空轨道，可以 $sp3d^2$ 杂化与 6 个 H_2O 分子以配位键形成络合物并可发生水解反应。

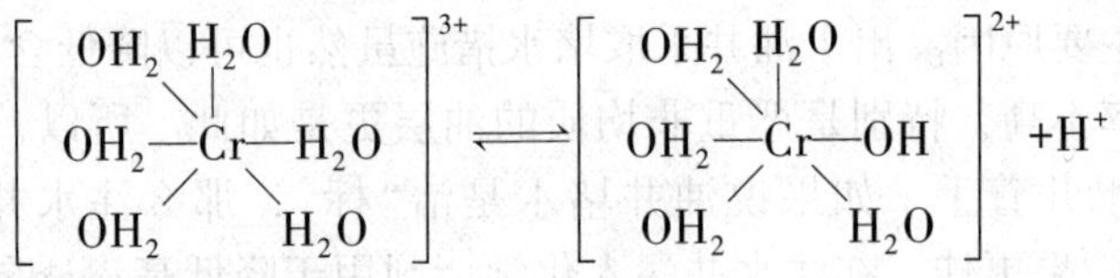

然后通过羟桥作用形成羟桥络离子：

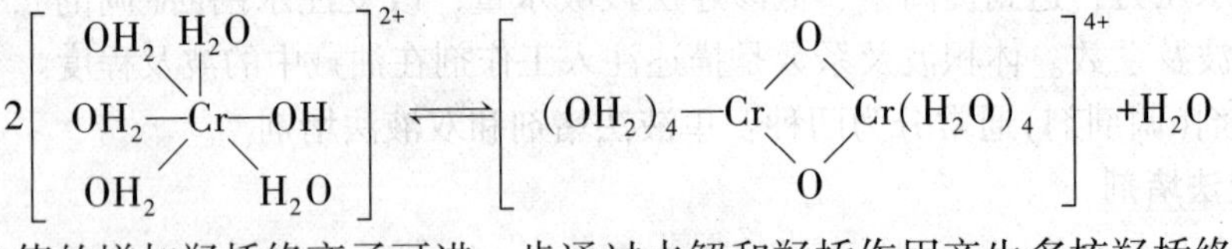

随着 pH 值的增加羟桥络离子可进一步通过水解和羟桥作用产生多核羟桥络离子，这种络离子的相对分子质量在 $400 \sim 1000$ 的范围之内它可将钠羧甲基纤维素交联起来：

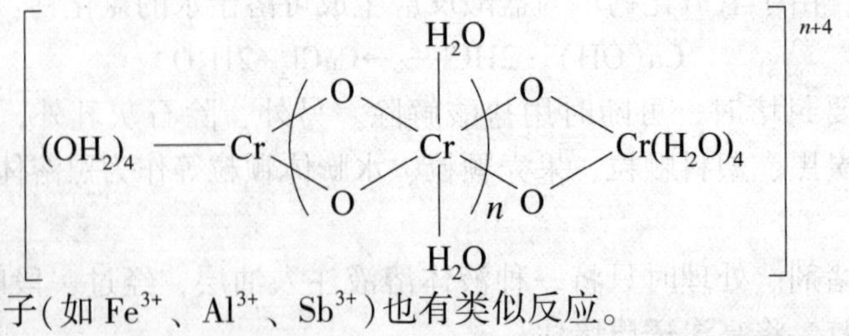

其他的三价离子（如 Fe^{3+}、Al^{3+}、Sb^{3+}）也有类似反应。

高聚物交联形成冻胶的时间称为冻时间它与聚合物的浓度、交联剂的浓度及其比例、温度都有关系。例如：0.7% HPAM+0.09% $Na_2Cr_2O_7$+ 0.16% Na_2CO_3可配成一种在60℃下成冻时间为2h的铬冻胶。

（4）硫酸

利用油层中的钙源产生$CaSO_4$沉淀堵塞。若将浓硫酸或化工废液浓硫酸注入注水井，硫酸先与近井地带的碳酸盐（岩体或胶结构的碳酸盐）反应，增加了注水井的吸收能力，而产生的细小的硫酸钙随酸液进入地层，并在适当位置如孔喉处沉积下来造成堵塞。由于高渗透层进入更多的硫酸，因而产生硫酸钙沉淀也多故堵塞主要发生在高渗透层。

（5）水包稠油

含盐的水包稠油是一种多重乳状液（W/O/W），它的黏度随时间增加而增大。这是因为在含盐条件下，外相的水通过油膜进入内相引起乳状液珠的膨胀，从而使黏度增加。其堵水作用是靠油珠在孔喉结构中贾敏效应的叠加，增大高渗透层中的流动阻力。

例如，用NaOH与0.973的稠油可配成含油14%，平均油珠直径3 μm，黏度200Pa·s的乳状液。当将这种乳状液注入油层，注入量约0.03孔隙体积，就能有效地改变水的注入剖面。

对于单液法调剖技术，除上述几种外，还有其他各种类型的调剖法：聚丙烯酰胺-膨润土泥浆、聚合物中不引发聚合、缩合[如丙烯酰胺-$(NH_4)_2S_2O_8$]泡沫、水膨性聚合物等。

2. 双液法堵剂

油井非选择性堵剂中的沉淀型堵剂是双液法的主要堵剂，而冻胶和凝胶型堵剂在双液法中也同样得到应用，它们都可作为水井调剖剂使用。

在注水井调剖剂中，凡能产生沉淀、冻胶和凝胶的化学物质，都可用作双液法调剖剂。例如HPAM和$KCr(SO_4)_2$、HPAM和CH_2O、Na_2SiO_3和$(NH_4)_2SO_4$、Na_2SiO_3和CH_2O等。又如：用Na_2SiO_3、$CaCl_2$、HPAM[按质量比（1~1.1）：（0.75~0.8）：0.015配合]作堵剂，其中所用Na_2SiO_3浓度为20%，$CaCl_2$浓度为15%，用此堵剂处理注水井18口井，成功率达77%。某井处理后吸水指数由2.77下降到0.85，本配方适用于地层渗透率在5D以下的砂岩油层。

第二节　油气井化学防砂

砂从油气井产出称为出砂。现阶段常用的防砂方法有机械防砂、化学防砂及砂拱防砂。近年来，机械防砂中的砾石充填防砂技术已取得了显著的可靠施工效果，除井斜角较高的斜井之外，砾石充填防砂技术已成为应用最广泛的防砂技术方法。化学防砂中的化学固砂方法是将化学胶结液挤入天然松散的地层，固结井眼周围出砂层段中地层砂的一种防砂方法，所形成的胶结地层具有一定的抗压强度和渗透性能。本节主要介绍化学防砂方法及相应试剂。

一、出砂原因和危害

1. 出砂原因

油气井出砂的根本原因是由于近井壁、井底带岩层的原始应力状态及其变形破坏程度等主要因素。钻井时近井壁区岩石的原始应力平衡状态受到破坏，所以井壁附近往往是岩层中的最大应力区，已被破坏而出砂，有时形成砂穹窿乃至垮塌。在油气田开发的中后期，如果维持不住产层压力，那么产层压力下降后，就把部分上覆压力从流体转移到砂上，增大沙粒间的压应力，从而使砂砾达到剪切破坏点，最终导致地层体积发生变化、地层变形和出砂。一般情况下，地层应力超过地层强度就可能出砂。油气井出砂的原因对于防砂及防砂剂配方的选择有很大的影响。总的说来，油气井出砂的原因可以归结为地质和开采两种原因。

2. 出砂危害

出砂往往会导致砂埋油层或井筒砂堵或油气井停产作业，使地面或井下的设备严重磨蚀、砂卡及频繁地冲砂检泵、地面清罐等维修，使工作量剧增，既提高了原油生产成本，又增加了油气田管理难度。至于水井，问题虽不像油井那么严重，但水井出砂(主要在洗井或作业后排液发生)，同样会引起注水层位的堵塞，影响正常注水。因此，要保证油气田正常生产，就必须对出砂井进行防砂。

防砂是开发易出砂油气藏必不可少的工艺措施之一，对原油稳定生产及提高开发效益起着重要作用。全世界每年要花费几百万美元来研究有效的防砂措施，并且还要花费几百万美元来修理因出砂而发生故障的油气井和注水井。

通过防砂可以使地层砂最大限度地保持其在地层中的原始位置而不随地层流体进入井筒，阻止地层砂在地层中的运移，使地层砂对地层原始渗透率的破坏降低到最低程度，保护生产井和注水井的生产设备，最大限度地维持生产井的原始产液能力及注水井的注排能力。

二、化学剂固砂法

化学剂固砂法就是用胶结剂将松散的砂在它们的接触点处胶结起来。可以用成品树脂注入地层，也可在地层中合成树脂来胶结地层砂。

化学防砂的优点是不需钻机及修井机，小井眼井井下无遗留物，适用于薄层，其缺点是成本高及降低地层渗透率。

1. 化学胶结剂固砂工艺步骤

(1) 注入预处理液

由于采用胶结剂直接胶结地层砂，所以地层砂在接触树脂以前必须进行处理。以利于地层砂与胶结剂牢固胶结。常用柴油、汽油或活性水清洗砂粒表面的油，用己二醇丁醚除去砂粒表面的水，用盐酸除去影响胶结剂固化的碳酸盐，用表面活性剂溶液改变岩石表面的润湿性，提高胶结质量。

(2) 注入胶结剂溶液

使胶结剂进入要胶结的地层中去。由于砂岩的不均质性，胶结剂将更多地进入到高渗透层，影响防砂效果。为了使胶结剂均匀注入，需先注入一段转向剂。它能减少高渗透层的渗透率，使渗透率趋向均一。胶结剂溶液均匀进入砂层。例如异丙醇柴油和乙基纤维素溶液就是一种转向剂。

(3) 注入增孔液(也称作驱替液或冲洗液)

其作用是将砂岩孔隙中的胶结剂溶液推至地层深处，从而使固结好的地层保持较高的渗透率。它是一种不溶解胶结剂的液体。对极性胶结剂可用非极性溶液作增孔液。

（4）胶结剂的固化

形成具有低渗透性的胶结地层。

2. 胶结溶液的组成（以酚醛树脂为例）

胶结剂：树脂（例如酚醛树脂等）。

稀释剂：苯酚、甲醛，降低树脂黏度，使之易于流动。

偶联剂：氨基硅烷，使树脂与砂粒更紧密地连接在一起。

分散剂：使胶结液分散，可进入低渗透层。

固化剂：通常是交联剂或催化剂。

3. 常用的胶结剂

（1）树脂类

①酚醛树脂　目前使用两种形式的酚醛树脂：一种是地面预缩聚好的热固性酚醛树脂。这种树脂用10%的盐酸作固化剂。因盐酸可使酚醛树脂迅速固化，所以盐酸是在增孔后再注入地层的。另一种是地下合成的酚醛树脂。这种树脂用氯化亚锡作固化剂。因氯化亚锡可与水作用慢慢给出盐酸，从而使酚醛树脂慢慢固化，所以氯化亚锡可与苯酚、甲醛一起注入地层后再增孔。在地下合成的酚醛树脂中，苯酚、甲醛和氯化亚锡的质量比为1∶2∶0.24。由于这一种形式的酚醛树脂需在地下进行缩聚，因此只适用于不低于60℃的砂层。

煤焦油/沥青中的含苯环化合物（芳烃、苯酚、甲酚、萘、蒽、芘、芴、菲、芘、高度缩合多核芳烃）在一定条件下可与醛类物质反应生成具有一定活性的廉价树脂。因此，可以在酚醛树脂中加入以煤焦油/沥青和聚甲醛为原料合成的树脂，研制出廉价低温防砂剂。另外，还需加入含-Si(OEt)₃基团的偶联剂分子，如γ-苯胺甲基三乙氧基硅烷、γ-(2，3-环氧丙氧基)、丙基三甲氧基硅烷等。该防砂剂在低温下的固结强度较大；固结岩芯具有较好的耐介质浸泡稳定性；固化对渗透率伤害较小，岩芯电镜照片表明，固结岩芯中的孔隙发育良好且连通性较好。该防砂剂吸附于岩石表面使得岩石表面的润湿性向亲水方向变化，导致岩芯的油相渗透率增加和水相渗透率减小，说明该防砂剂不但具有防砂作用还具有堵水功能。

②呋喃树脂　呋喃树脂是以糠醛或糠醇为主体研制出的综合树脂，包含糠醛—苯酚树脂、糠醇树脂、糠醛树脂、糠醛—丙酮树脂、糠醇—甲醛树脂以及用酚醛、脲醛、环氧等树脂改性的复合树脂。它们是由线型、网状、体型结构分子组成的高分子化合物。分子中的强极性基如羟甲基、酰胺基等与砂粒的极性基团有亲和作用，可产生物理吸附，并易向砂粒表面迁移而强烈地黏附在砂粒表面上，R—OH可脱水缩合形成化学键。在改性呋喃树脂固化过程中，采用强酸性固化剂如盐酸、硫酸、磷酸等，使其发生低温快速缩合反应，从而将砂粒黏合在一起。随着聚合反应的进行，树脂黏度上升，线型、网状的分子结构变成体型的大分子，使其强度不断增大；再者，固化剂中少量低分子化合物的存在，占据了固结物的部分空间，从而保证了固结物具有一定的渗透性。

③乳化脲醛树脂　脲醛树脂固砂剂施工工艺简单、价格低廉，近几年被广泛应用。目前，使用的脲醛树脂还存在一些缺点：树脂固化太快、施工不安全、树脂性能不稳定及储存期太短。乳化脲醛树脂是在进行大量实验基础上，合成了一种新的脲醛树脂。作为主胶结组分，根据其结构特点在乳化脲醛树脂中引入有机硅，提高其抗压强度、抗折强度及老

化性能，开发出了成本低廉，单液法施工的乳化脲醛树脂固砂剂。与其他树脂固砂剂相比，乳化脲醛树脂固砂剂具有用量低、固砂时间可控、固结体抗压强度高等特点。采用乳化脲醛树脂固砂剂，其固结体抗压强度可达 3MPa 以上，渗透率大于 75%，可以满足油田油井防砂的需要。乳化脲醛树脂固砂剂适应的固化温度为 60℃ 左右，固化时间 24~48h，耐地层流体浸泡。乳化脲醛树脂固砂剂的固化速度可在较大范围内可调，在现场既可用于单层井的固砂，也可用于分层化学防砂，解决了部分长井段、多层井的防砂问题，为分层防砂提供了一套防砂方法。

④环氧酚醛树脂　环氧酚醛树脂技术是将环氧树脂、偶合剂溶于丙酮中再与石英砂混合均匀，晾干，压散，过筛，制成树脂涂敷砂。但它的成本较高，所以不能广泛使用。

（2）硅酸钙

先注入水玻璃，用柴油增孔，再注氧化钙溶液，让它与水玻璃生成硅酸钙在砂粒接触点处胶结。

（3）二氧化硅

依次注入水玻璃，增孔柴油和盐酸，即可在砂粒的接触点处生成硅酸。升高温度，脱水即成二氧化硅将砂粒胶结起来。

（4）焦炭

将稠油注入油层，用水增孔，再将砂层升温使稠油变成焦炭，将砂粒胶结来。

三、人工井壁防砂法

人工井壁防砂法是化学防砂中的一大类，属于颗粒防砂。在地面将支撑剂例如砂粒、核桃壳颗粒等和特定性能的胶结剂按一定比例混合均匀，用油基或水基携砂液携至井下出砂部位，固结，形成具有一定强度和渗透率的防砂屏障，称之为人工井壁(图 4-2)。这些人工井壁阻挡地层砂进入井筒，达到防砂目的，此类方法适用油井已大量出砂，井壁形成洞穴的油水井防砂。

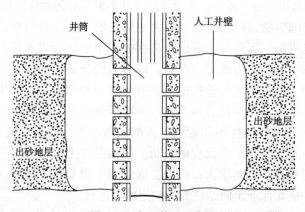

图 4-2　人工井壁示意图

这种方法比砾石填充后再作固结处理要便宜。在已大量出砂和套管损坏的井段，有些作业者先挤入可固结的填充物，再在套管内作普通砾石填充。

常见的几种人工井壁的类型：

（1）水泥砂浆人工井壁

将水、水泥、石英砂按比例0.5∶1∶4的质量比混合后填充到砂层亏空处，然后固化形成具有一定强度和渗透性的人工井壁，防止油层出砂。

这种人工井壁适用于已出砂油井、低压油井、浅井（井深在1000m左右）、薄油层油井（油层井段小于20 m）的防砂。

（2）水带干灰砂人工井壁

水带干灰砂人工井壁防砂是以水泥为胶结剂，以石英砂为支撑剂，按比例在地面拌和均匀，用水携至井下，挤入套管外，堆积于出砂层位，凝固后形成具有一定强度和渗透性的人工井壁。

这种方法适用于处于后期的低压油水井、已出砂的油水井，多油层、高含水油井及防砂井段在50m以内的油水井的防砂。

（3）柴油乳化水泥浆人工井壁

柴油乳化水泥浆人工井壁是以活性水配制水泥浆，按比例加入柴油，充分搅拌形成柴油水泥浆乳化液，泵入井内挤入出砂层位，水泥凝固后形成人工井壁。由于柴油为连续相，凝固后的水泥具有一定的渗透性，使液流能顺利地通过人工井壁进入井筒，达到防砂的目的。

该方法适用于浅井、地层出砂量小于500L/m的井、油层井段在15 m以内的油水井和油水井早期的防砂。

（4）树脂核桃壳人工井壁

树脂核桃壳人工井壁是以酚醛树脂为胶结剂，以粉碎成一定颗粒的核桃壳为支撑剂，按一定比例拌和均匀，用油或活性水携至井下，挤入射孔层段套管外堆积于出砂层位，在固化剂的作用下经一定反应时间后使树脂固结，形成具有一定强度和渗透性的人工井壁，防止油井出砂。

这种人工井壁适用于出砂量较小油井、射孔井段小于20m的全井防砂和水井早期防砂。

（5）树脂砂浆人工井壁

树脂砂浆人工井壁是以树脂为胶结剂，石英砂为支撑剂，按比例混合均匀，用油携至井下挤入套管外，堆积于出砂层位，凝固后形成具有一定强度的渗透性人工井壁，防止油井出砂。这种人工井壁适用于吸收能力较高的油水井网、油层井段在20 m以内的油水井后期的防砂。

填砂胶结法：向砂层的亏空处填砂，然后注胶结剂。

化学防砂的选择可参考表4-1。

表4-1 化学防砂选用参考表

方法	配方（质量分数）	优缺点
水泥砂浆	水∶水泥∶砂＝0.5∶1.0∶4	原料来源广，强度较低，有效期较短
水带干灰砂	水泥∶砂＝1∶2	原料来源广，成本低，堵塞较严重
柴油水泥浆乳化液	柴油∶水泥∶水＝1∶1∶0.5	原料来源广，成本低，堵塞较严重

方法	配方（质量分数）	优缺点
酚醛树脂溶液	苯酚：甲醛：氨水＝1：1.5：0.05	适应性强，成本高，树脂储存期短
树脂核桃壳	酚醛树脂：核桃壳＝1：1.5	胶结强度高，原料来源少，施工较复杂
树脂砂浆	树脂：砂＝1：4	胶结强度较高，施工较复杂
酚醛溶液地下合成	苯酚：甲醛：固化剂＝1：2：（0.3～0.36）	溶液黏度低，易于泵送，可分层防砂
树脂涂层砾石	树脂：砾石＝1：（10～20）	强度较高，渗透率高，施工简单

除上述几种防砂方法外，滤砂管防砂法也较为常见。滤砂管防砂法是用石英砂、胶结剂及其他添加剂制备滤砂管。插入已填砂的亏空层即可。胜利油田已大规模使用环氧树脂滤砂管和酚醛树脂涂敷砂滤管防砂技术。

四、防砂方法的选择

1. 选择原则

① 立足于先期防砂和早期防砂。根据油藏地质研究和试油试采资料，一旦判断地层必然出砂，则立足于先期防砂完井或短暂排液后的早期防砂，以此为基础来选用防砂方法。在地层骨架被破坏后才进行防砂，防砂难度将大大增加，而且也难保证防砂效果。

②结合实际，综合考虑技术现状、工艺条件和经济成本，合理选用防砂方法。

2. 必须考虑的因素

（1）完井类型

常见的完井方式有裸眼完井和套管射孔完井。对原油黏度偏高、油层单一、无水气夹层的部分胶结的砂岩可考虑用裸眼砾石充填先期防砂，以提高渗流面积，减少油层伤害，获得较高的产能。对油层、气层、水层关系复杂，有泥岩夹层的井应考虑用套管射孔完成。可进行先期或早期的管内砾石充填防砂。

（2）完井井段长度

机械防砂一般不受井段长度限制，如夹层较厚，可以考虑分段防砂；化学防砂主要用于短井段地层。

（3）地层物性

化学防砂对地层砂粒度适应范围较广，尤其适用于细粉砂岩。但在油井中、高含水期，防砂成功率下降。砂拱防砂适用于泥质含量较高的，出砂不严重的中、低渗透地层。绕丝筛管砾石充填对粒度、渗透率、均质性要求不高，但粉细砂岩不适用。滤砂管防砂一般只对中砂岩、粗砂岩有效。

（4）井筒和井场条件

小井眼、异常高压层、双层完井的上部地层宜用化学防砂。此外，化学防砂还要特别注意油层温度，因它对化学剂固化有重要影响。若现场无钻机（或作业机）也无法进行机械防砂。

（5）产能损失

无论哪种防砂方法，都应在控制出砂的前提下，使油气井产能损失最小。相比而言，砂拱防砂产能损失最小，但防砂稳定性差；裸眼砾石充填防砂产能最高，只要条件允许应优先考虑选用；细粉砂岩易引起普通滤砂管堵塞，导致产能急剧下降，不宜采用滤砂管防砂；对绕丝筛管内砾石充填或化学防砂应在施工时采取合理的配套技术措施，最大限度地维持油井产能。

（6）成本费用

施工成本是选择防砂技术的重要因素，但也要考虑防砂的长期综合经济效益。

第三节　油井化学清防蜡

一、油井结蜡原因与危害

石蜡是碳原子数为 16~64 之间的烷烃，熔点为 49~60℃。我国主要油气田生产的原油含蜡量都比较高，一般为 15%~17%，个别原油含蜡量高达 40% 以上。石蜡在储层条件下通常以溶解态存在，但进入含蜡原油油井、沿着油管上升的过程中，随着温度和压力的下降及轻质组分不断逸出，原油中的石蜡开始结晶析出形成蜡晶，蜡晶呈薄片状或针状吸附在管壁上并不断沉积。当原油温度低于临界浊点温度时，蜡晶分子就会向固体表面扩散，并以此为中心开始形成三维网状结构，在管壁上，长大聚集的现象，称为油井结蜡。所以，石蜡结晶可分三个过程：

①晶核生成（析蜡阶段）：沥青质及析出的蜡微粒作为晶核即石结晶的中心。

②蜡晶长大：晶核吸附蜡分子长大。

③石蜡沉积：大的蜡晶颗粒沉积析出。

油井结蜡严重影响油井的正常生产。原油中含蜡量越高原油的凝固点越高，结蜡越严重。油井结蜡会影响油井产量，甚至堵塞油井，迫使油井停产，原油含蜡量为 1.5%~5% 的井需 2~3 天清一次蜡，而含蜡量为 5%~8% 的区域每天要清 1~2 次蜡，含蜡量为 8.6% 以上的区域每天要清 2~3 次蜡。

二、油井结蜡的影响因素

影响结蜡的主要因素是原油的组成（蜡、胶质和沥青质的含量）、油井的开采条件（温度、压力、气油比和产量）、原油中的杂质（泥、砂和水等）、管壁的光滑程度及表面性质。其中原油组成是油井原油结蜡的内在因素，而温度和压力则是外部条件。

1. 原油的组成

原油中轻质组分越多，则蜡的结晶温度越低，不易结蜡析出。蜡在原油中的溶解度随温度的降低而减小。原油中含蜡量越高，蜡的结晶温度就越高。在同一含蜡量下，重油的蜡结晶温度高于轻质原油的蜡结晶温度。

原油中胶质和沥青质影响蜡的初始结晶温度和蜡的析出过程以及结晶在管壁上的蜡的性质。由于胶质是表面活性物质，可吸附在蜡晶上阻碍结晶的发展。沥青质是胶质的进一步聚合物，其不溶于油，而是以极小的颗粒分散在原油中，可成为蜡的结晶中心。由于胶质、沥青质的存在，使蜡结晶分散的均匀而致密，且与胶质结合紧密。但在胶质、沥青质存在的情况下，在管壁上沉积蜡的程度将明显增大，且不易被油流冲走。故原油中所含的胶质、沥青质既可减轻结蜡程度，又在结蜡后使黏结强度增大而不易被油流冲走。

2. 油井的开采条件

在压力高于饱和压力的条件下，压力下降时，原油不会脱气，蜡的初始结晶温度随压力的降低而降低。在压力低于饱和压力的条件下，由于压力下降时，油中的气体不断析出，使得原油溶解石蜡的能力下降，导致蜡的初始结晶温度升高。压力越低，结晶温度越高。由于初期析出的是轻组分气体(甲烷、乙烷等)，后期析出的是重组分气体(丁烷等)，前者对蜡的溶解能力影响小于后者，故随着压力的降低，初始结晶温度明显增高。

在采油过程中，原油从储层转移到地面的过程中，压力和温度不断降低，当压力降低到饱和压力后，便有气体析出，同时气体析出膨胀产生吸热过程，也促使油流温度进一步降低。因此，在采油过程中，气体的析出不但降低原油对蜡的溶解能力也降低了油流的温度，加速了蜡的析出和结晶。

3. 原油中的杂质

原油中的水和机械杂质对蜡的初始结晶温度影响不大，但油中的细小砂粒及机械杂质将成为石蜡析出的结晶核心，促使石蜡结晶的析出，加速了结晶过程。油中含水量增加后对结蜡过程产生两个方面的影响：一是水的比热容大于油的比热容，故水的存在会减小油流温度的降低；二是含水量增加后易在管壁上形成连续的水膜，不利于石蜡在管壁上的沉积，故含水量增加会使得结蜡过程中管壁沉积石蜡的程度有所减轻。

4. 管壁的光滑程度及表面性质

液流速度与管壁表面粗糙度及表面性质也影响结蜡。当油流流速较高时，其对管壁的冲刷作用较强，蜡不易沉积在管壁上；管壁越光滑，蜡越不易沉积。此外，管壁表面的润湿性对结蜡有明显影响，表面亲水性越强越不易结蜡。

综上所述，原油的组成是影响结蜡的内在因素，而温度和压力是外在因素。由于原油组成复杂，故对原油结蜡过程和机理的认识还需要继续深入。

三、化学防蜡机理

化学防蜡实际上是通过化学剂抑制蜡晶的生成、长大，抑制蜡晶在管壁的黏附和沉积，让石蜡随油流排到地面再进行处理。已确认的防蜡剂作用机理有以下四种：

成核作用：防蜡剂本身作为晶核，石蜡吸附于其上，长大。这样形成的蜡晶由原来易于形成网状结构的菱形薄片状转变为四角锥体或斜方柱体，相互之间不趋于粘接，因而不易析出。

共结晶作用：防蜡剂与蜡同时析出，生成混合晶体，破坏了纯蜡晶的生长。

吸附作用：防蜡剂吸附到蜡晶表面，抑制蜡晶之间的相互连接和聚集。

水膜理论：防蜡剂吸附于油管或石蜡等表面，使表面形成一层致密水膜，使蜡不易沉积。

四、化学防蜡剂

以现有的对原油结蜡过程和机理的认识为基础，提出了三类化学试剂，用以降低石蜡晶体的沉积，分别是稠环芳烃型、表面活性剂型和高分子型。

1. 稠环芳烃型防蜡剂

如图4-3所示，是原油中常见的稠环芳烃类物质，其在原油中的溶解度低于石蜡，将其溶解于溶剂中，从油套环形空间注入井底，并与原油一起采出。

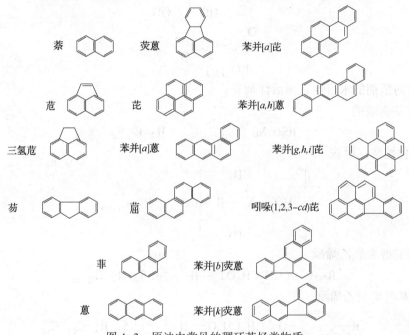

图4-3　原油中常见的稠环芳烃类物质

在采出过程中随温度和压力的下降，这些稠环芳烃先于石蜡析出，为蜡的结晶提供大量的结晶核心，使得石蜡在这些稠环芳烃的晶核上析出。但这样析出的蜡晶不易继续长大，原因是蜡晶中的稠环芳烃分子影响了蜡晶的排列，使得蜡晶的晶核扭曲变形，不利于蜡晶的发育长大，从而导致这些变形的蜡晶分散在油中，被携带至地面，起防蜡的作用。需要注意的是，该类化合物生物毒性较强，在使用中应主要防护。

2. 表面活性剂型防蜡剂

表面活性剂型防蜡剂有两种表面活性剂，即油溶性表面活性剂和水溶性表面活性剂。一般认为，油溶性表面活性剂烷基长链可以吸附/共晶在蜡晶上，且极性基团向外，使得蜡晶表面润湿性表现为亲水疏油，不利于石蜡继续在晶体表面沉积、生长。水溶性表面活性剂在蜡晶表面吸附，根据极性相近原则，非极性基团吸附在蜡晶表面，极性基团与油相中的水形成活性水化膜，阻碍石蜡的进一步沉积，同时在管线和设备表面吸附，使其表面形成极性，阻止石蜡在其表面的沉积。

油溶性表面活性剂主要为石油磺酸盐和胺型表面活性剂，如：

（1）烷基苯磺酸盐

$$RArSO_3M \qquad M：1/2Ca、Na、K、NH_4$$

（2）聚氧乙烯脂肪胺

$$R-N \begin{cases} (CH_2CH_2O)_{n1}H \\ \\ (CH_2CH_2O)_{n2}H \end{cases} \qquad n_1+n_2=2\sim4 \quad R：C_{16\sim22}$$

（3）山梨糖醇酐单羧酸脂（Span-xx）

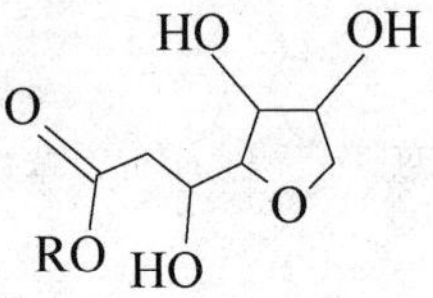

可作为防蜡剂的水溶性表面活性剂有：

（1）烷基磺酸钠

$$RSO_3Na \qquad R：C_{12\sim18}$$

（2）氯化烷基三甲铵

$$\left[\begin{array}{c} CH_3 \\ | \\ H_3C-N^+-R \\ | \\ CH_3 \end{array} \right] Cl^- \qquad R：C_{12\sim18}$$

（3）脂肪醇聚氧乙烯醚

$$R-O-(CH_2CH_2O)_nH \qquad n>5，R：C_{12\sim18}$$

（4）烷基酚聚氧乙烯醚

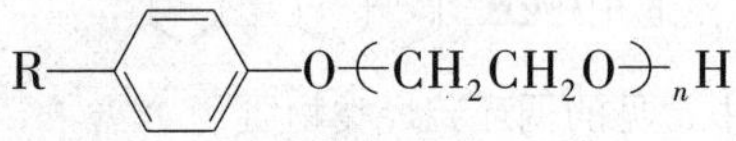

$$R-\phenyl-O(CH_2CH_2O)_nH \qquad n>5，R：C_9，C_{12}$$

（5）聚氧乙烯聚氧丙烯丙二醇醚

$$CH_3-CH-O(C_3H_6)_m(C_2H_4)_nH \qquad m=17，n=15\sim53$$
$$CH_2-O(C_3H_6)_m(C_2H_4)_nH$$

（6）聚氧乙烯烷基醇醚硫酸酯钠盐

$$R-O(CH_2CH_2O)_nSO_3Na \qquad n=3\sim5，R：C_{12\sim18}$$

（7）聚氧乙烯烷基苯酚醚硫酸酯钠盐

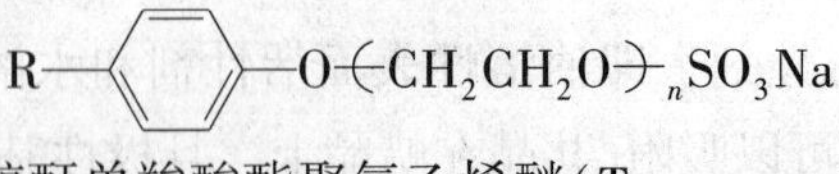

$$R-\phenyl-O(CH_2CH_2O)_nSO_3Na \qquad n=3\sim5，R：C_{8\sim12}$$

（8）山梨糖醇酐单羧酸酯聚氧乙烯醚（Tween-xx）

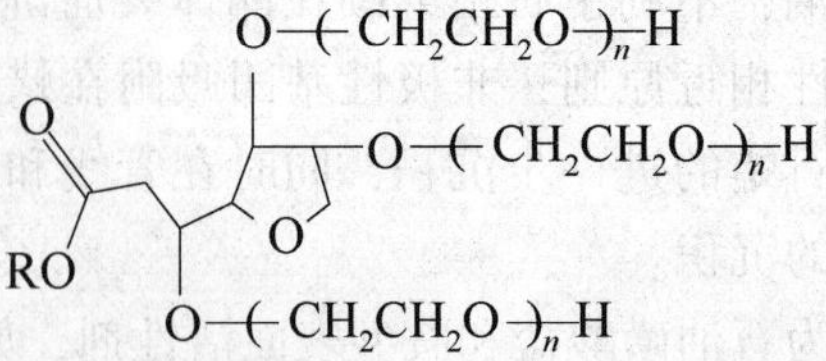

3. 高分子型防蜡剂

此类高分子防蜡剂含有与蜡质链长相近的烷基侧链，通过酯基、酰胺基等与主链相连，聚丙烯酸酯/酰胺是典型代表。此外，还有大量的丙烯酸酯/酰胺、马来酸酯/酰胺、羧酸乙烯酯、苯乙烯等单体的均聚或者共聚物。使用时将其注入原油，在较低浓度下形成分散的网状结构，当原油温度下降时，石蜡分子与烷基侧链共结晶，蜡晶在高分子网上分散析出，形成疏松状网络结构，防止形成石蜡大量沉积的结构。这类防蜡剂是通过改变蜡晶析出形式从而影响蜡晶析出大小来实现防蜡目的，同时还可改善原油的泵送性能。

下面是一些重要的高分子型防蜡剂：

（1）聚羧酸乙烯酯

$$\begin{matrix} \text{—(CH}_2\text{—CH)}_n\text{—} \\ | \\ O \\ | \\ C\text{—R} \\ \parallel \\ O \end{matrix}$$
R：$C_{15\sim35}$

（2）聚丙烯酸酯

$$\begin{matrix} \text{—(CH}_2\text{—CH)}_n\text{—} \\ | \\ COOR \end{matrix}$$
R：$C_{14\sim40}$

（3）乙烯与羧酸乙烯酯共聚物

$$\begin{matrix} \text{—(CH}_2\text{—CH}_2\text{)}_m\text{—(CH}_2\text{—CH)}_n\text{—} \\ | \\ O \\ | \\ C\text{—R} \\ \parallel \\ O \end{matrix}$$
R：$C_{1\sim25}$

（4）乙烯与丙烯酯共聚物

$$\begin{matrix} \text{—(CH}_2\text{—CH}_2\text{)}_m\text{—(CH}_2\text{—CH)}_n\text{—} \\ | \\ COOR \end{matrix}$$
R：$C_{1\sim26}$

（5）乙烯与顺丁烯二酸酯共聚物

$$\begin{matrix} \text{—(CH}_2\text{—CH}_2\text{)}_m\text{—(CH}\text{——CH)}_n\text{—} \\ | \quad\quad | \\ COOR \quad COOR \end{matrix}$$
R：$C_{1\sim26}$

（6）乙酸乙烯酯与丙烯酸酯共聚物

$$\begin{matrix} \text{—(CH}_2\text{—CH)}_m\text{—(CH}_2\text{—CH)}_n\text{—} \\ | \quad\quad\quad | \\ O \quad\quad\quad COOR \\ | \\ C\text{—R} \\ \parallel \\ O \end{matrix}$$
R：$C_{14\sim40}$

此外，还有乙烯、乙烯甲基醚与顺丁基二酸酯共聚物及乙烯、羧酸乙烯酯与丙烯磺酸盐共聚物等三元共聚物也是重要的高分子防蜡剂。

此类聚合物由于具有较长侧链又称梳状聚合物，复配使用有更好的协同效果。聚合物防蜡剂的侧链长短直接与防蜡效果有关，当侧链平均碳原子数与原油中蜡的峰值碳数相近时防蜡效果最佳。

该类防蜡剂的作用机理如图4-4所示，它能够与蜡晶结合在一起而干扰蜡晶生长。这类化学剂最典型的代表就是乙烯-醋酸乙烯共聚合物（EVA）。这类化合物通常与蜡形成共晶体而阻碍蜡晶的相互结合和聚集。

EVA作为防蜡剂中的蜡晶改进剂对原油具有强烈的针对性，在选用时一定要注意EVA中亲油碳链的碳数要与原油中蜡晶的平均碳数基本接近，且碳数分布也应基本一致，才能收到最好效果。

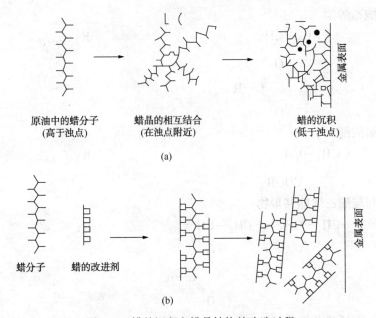

图4-4 蜡的沉积和蜡晶结构的改造过程

另一种类型的化学剂通常是破坏蜡分子束的形成，从而防止晶核的形成，当然也就改进了蜡晶的结构，防止了原油中蜡的叠加和沉积。聚乙烯就是这类蜡晶改进剂的典型代表。

聚乙烯基本上有两种结构类型，一种叫结晶型聚乙烯，另一种叫非晶型聚乙烯。通常作为防蜡剂用的聚乙烯是非晶型多支链聚乙烯。原油中含有少量的聚乙烯，在冷却情况下，它能形成网状结构，在网络里，石蜡以微结晶形式附着在上面。由于网络结构的形成，石蜡结晶被分散开而无法相互叠加、聚集和沉积，也就起到了防蜡效果。当然聚乙烯对蜡晶的分散度与聚乙烯的浓度、结构和相对分子质量有密切的关系。在使用聚乙烯作为蜡晶改进剂时，原油中必须含有足够的天然极性物质（如沥青质和胶质），否则就必须加入分散剂才能收到良好的防蜡效果。因为这些天然极性物质（或分散剂）能够围绕蜡晶建立潜在的"栅栏"，协助聚乙烯防止这些蜡晶的相互堆积。

上述几种防蜡剂的一般施工方法为：

① 油井套管环空流入，把防蜡剂配成适当的浓度（根据需要还可以加热），按每天产油量计算出防蜡剂加入量，从油管和套管之间的环型空间注入。注入速度应使原油中防蜡剂保持在需要的浓度。

②利用压裂工艺，将防蜡剂压入地层。

③把防蜡剂制成棒状或蜂窝状，投入油井结蜡部位之下。

目前国内的防蜡产品其中绝大多数是在传统防蜡剂上的改性和复配，不同程度上存在性能单一、效率较低、存储稳定性差等缺点。从目前国内外防蜡剂的发展趋势可以看出，未来的发展方向是具有多支链、星型和梳型等新型的聚合物型防蜡剂。

五、化学清蜡剂

对于已经结蜡的油井，可以采用机械(如用刮蜡片)或加热(如热油循环)的方法清蜡，但也可用清蜡剂将蜡清除。清蜡剂的作用过程是将已沉积的蜡溶解或分散开，使其在油井原油中处于溶解或小颗粒悬浮状态而随油井液流流出，这涉及渗透、溶解和分散等过程。清蜡剂主要有油基型、水基型和乳液型三类。

1. 油基型清蜡剂

油基型清蜡剂的作用原理是将对沉积石蜡具有较强溶解和携带能力的溶剂分批或连续反注入油井，将沉积石蜡溶解并携带走。结蜡严重时，可将清蜡剂大剂量加到油管中循环以达到清蜡的目的。在油基型清蜡剂中通常加入表面活性剂，利用表面活性剂的润湿、渗透、分散和洗净作用，进一步提高溶剂的清蜡效果。目前，国内外通常采用的溶剂有二甲苯、汽油、煤油、柴油、凝析油和石油醚等。二硫化碳、四氯化碳、氯仿、苯等早期曾被用作清蜡剂，其清蜡效果优异，但由于它们本身的毒性以及在原油加工中造成的腐蚀性和催化剂中毒等问题，已经禁止使用。芳烃的蜡溶量和溶蜡速度都比馏分油好。为了提高油基型清蜡剂的清蜡能力，在有机溶剂中添加一些表面活性剂以提高清蜡剂的分散、洗净和渗透作用，或根据原油的黏度、凝点及井温的高低等具体情况，在溶剂中添加具有降黏、降凝及分散作用的表面活性剂而配成油基型清蜡剂。常用的表面活性剂有烷基或芳基磺酸盐，油溶性烷基铵盐，聚氧乙烯壬基酚醚，磷酸酯等。油基型清蜡剂使用的溶剂通常毒性大、易燃、易爆、易被原油稀释，因而使其应用受到限制。

2. 水基型清蜡剂

水基型清蜡剂是以水为分散介质，表面活性剂为主要组分，同时还含有互溶剂、碱性物质等成分。这类清蜡剂既有清蜡作用，又有防蜡功效。这类表面活性剂可促使结蜡表面产生润湿翻转，由结蜡表面反转为亲水表面，有利于蜡从油管、钻杆上脱落；同时可降低油蜡的界面张力，且表面活性剂分子可穿透蜡的结构，破坏蜡分子和管壁的黏结力，从而将其从管壁上清除。常用的表面活性剂有季铵盐型、磺酸盐型、OP型、吐温型、平平加型、聚醚型和硫酸酯盐型等；常用的互溶剂有异丙醇、异丁醇、二乙二醇乙醚及乙二醇单丁醚等；碱可以与沥青质等极性物质发生反应，其产物易分散于水中，常用的碱有氢氧化钠和碱性盐，如硅酸盐、原硅酸钠、六偏磷酸钠、磷酸钠等。

水基型清蜡剂以表面活性剂为主，但由于表面活性剂价格高，使用浓度大，且清蜡效率低。因此，开发新型高效表面活性剂，降低其使用成本，提高清蜡效率是该类清蜡剂的发展方向。

3. 乳液型清蜡剂

针对以上两种清蜡剂的不足，近年来乳液型清蜡剂发展起来。乳液型清蜡剂采用了乳化技术，即将清蜡效率高的芳烃、混合芳烃或溶剂油作为内相，将表面活性剂的水溶液作为外相配制成水包油型乳状液，同时选择有适当浊点的非离子型表面活性剂作乳化剂，这样就可使乳化液在进入结蜡段之前破乳，分出两种清蜡剂同时起到清蜡作用。该类清蜡剂既保留了有机溶剂和表面活性剂的清蜡效果，又克服了油基型清蜡剂对人体毒害性较大和水基型清蜡剂受温度影响较大的缺点。

未来清防蜡剂的发展方向是：制备高效、稳定、安全无毒、易储存的乳液型清防蜡剂。

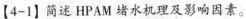

思考题

【4-1】简述 HPAM 堵水机理及影响因素。

【4-2】简述泡沫作为选择性堵水剂的原理。

【4-3】化学防砂的原理是什么？

【4-4】简述油井结蜡的原因及影响因素。

【4-5】高分子聚合物型防蜡剂主要有哪些？作用原理是什么？

第五章 油气层的酸化压裂改造

第一节 酸化原理及酸化用酸

酸化是用酸或潜在酸处理油气层，以恢复或增加油层渗透率，实现油气井增产和注水井增注的一种技术。

酸化按对象可分为碳酸盐岩油气层酸化和砂岩油层酸化；按酸化工艺可分为基质酸化和酸化压裂；按酸液组成和性质可分为常规酸化和缓速酸酸化。

基质酸化是指在低于岩石破裂压力的条件下，将酸液注入油层，使之沿着径向渗入油气层，溶解孔隙及喉道中的堵塞物。酸化压裂是在足以压开油气层形成裂缝或张开油气层原有裂缝的压力下，对油层挤酸的一种工艺。它包括前置酸压(使用高黏度前置液压开油气层，随后泵入酸液的酸化)和普通酸压(直接用酸液进行压裂的酸化)。

常规酸化是指直接用酸作用于油气层。而缓速酸酸化是指用缓速酸(以延缓与油气层岩石的反应，增加酸的有效作用距离为目的而配制的酸)处理油气层。

碳酸盐岩油气层酸化可采用基质酸化和压裂酸化两种方式。而砂岩油气层一般只进行基质酸化，不进行压裂酸化。

一、酸化原理

1. 碳酸盐岩油气层基质酸化原理

碳酸盐岩油气层主要矿物成分是方解石 $CaCO_3$ 和白云石 $CaMg(CO_3)_2$。其储集空间分为孔隙和裂缝两类。碳酸盐岩油气层基质酸化处理，就是用盐酸溶解孔隙、裂缝中的堵塞物质或扩大沟通油气层原有孔隙、裂缝，提高油气层的渗透率，降低油气渗透阻力，从而提高油气井的储量。其酸化过程中的主要化学反应为

$$CaCO_3 + 2HCl \longrightarrow CaCl_2 + CO_2 \uparrow + H_2O$$

需要特别注意的是反应产物的状态，其对最终酸化效果有较大影响，包括：

①$CaCl_2$ 的溶解能力。由实验数据可知，$CaCl_2$ 极易溶于水，在施工条件下，反应后生成的 $CaCl_2$ 全部呈溶解状态，不会沉淀，可将酸化残液当作水溶液考虑。

②CO_2的溶解能力。在油气层条件下，部分 CO_2 溶解于酸液中，部分呈自由气状态，自由气状态 CO_2 的多少与油气层压力、温度及 $CaCl_2$ 浓度有关。油气层温度越高，压力越低，$CaCl_2$ 浓度越高，CO_2 越难溶解于酸液中。

③反应物对渗流的影响。如前所述，反应产物 $CaCl_2$ 全部溶解在残酸中，其密度及黏度都较高，对流动产生两个方面的影响：一方面由于黏度较高，携带固体颗粒的能力较强，有利于将酸化后油气层脱落的颗粒带走，防止油气层的堵塞；另一方面，由于黏度高，导致流动阻力增大，对油气层渗流不利。

另一反应产物 CO_2 部分溶于液相，部分以小气泡的形式呈游离态，其对渗流的影响，可从相渗透率和相饱和度的关系上做具体分析：当气泡数量少，未形成足够的气相饱和度，对流动有妨碍；当具有足够的气相饱和度后，可形成对排液起推动力的助喷作用。

残酸液具有较高的界面张力或与油生成乳状液，黏度高达几千 $mPa \cdot s$，对油气渗流不利。此外，地层中其他矿物质如三氧化二铝、硫化亚铁、三氧化二铁等，也可与酸反应，产物在中性或弱酸性环境(残酸液)中易于生成氢氧化物絮胶状沉淀，且难以从地层中排出，形成所谓的二次沉淀。

在酸化作业中应充分分析各种可能产生的不利因素，并通过采取各种措施加以去除或抑制。

2. 碳酸盐岩油气层酸化压裂原理

碳酸盐岩油气层酸化压裂是指在高于地层吸收能力的排量下，向油气层中挤入酸液，使得井底压力偏高，一旦井底压力大于岩石的破裂压力，就会使得地层中原有裂缝撑开而加宽或形成新的裂缝。继续以高排量注酸，酸液在压开的裂缝中流动，酸的有效作用距离增加。依靠酸液的水力和溶蚀作用可形成延伸较远的酸压裂缝，利用酸与岩石反应溶蚀裂缝，使壁面凹凸不平。当施工完成后，这部分的裂缝无法闭合紧密，会保持一定的刻蚀度，从而提高了油气层的导流能力。油气层中油气进入泄油面积较大的裂缝，再沿裂缝流入井底，增加油气井的产量。

3. 砂岩油气层酸化原理

砂岩是由石英、长石颗粒和粒间胶结物(黏土和碳酸盐类)等物质组成。砂岩油气层一般采用水力压裂增产措施，但对于胶结物较多或污染堵塞严重的砂岩油气层，也常采用以解堵为目的的常规酸化处理。砂岩油气层酸化一般用土酸或能在油气层中生成氢氟酸的液体物质进行酸化处理。其原理是通过酸溶液溶解砂粒间的胶结物和部分砂粒，或者溶解孔隙中的泥质堵塞，以恢复、提高井底附近油气层的渗透率。其酸化过程中的主要化学反应如下：

(1) 石英与 HF 反应

$$SiO_2 + 4HF \longrightarrow SiF_4 + 2H_2O$$
$$SiF_4 + 2HF \longrightarrow H_2SiF_6$$

(2) 钠长石、钾长石与氢氟酸反应

$$NaAlSi_3O_8 + 22HF \longrightarrow NaF + AlF_3 + 3H_2SiF_6 + 8H_2O$$
$$KAlSi_3O_8 + 22HF \longrightarrow KF + AlF_3 + 3H_2SiF_6 + 8H_2O$$

土酸与砂岩中各种成分的反应速度各不相同。土酸与碳酸盐的反应速度最快，其次是硅酸盐(黏土)，最慢是石英。由于氢氟酸与碳酸盐反应生成氟化钙沉淀，不仅会对油气层造成堵塞，而且还会消耗氢氟酸的活性，使之不能解除黏土矿物及粉砂的堵塞。因此对于碳酸盐含量大于20%的油气层，就不能用土酸进行酸化处理。即使是碳酸盐含量较小的油气层，在注入土酸之前，也应用盐酸作前置液处理，以清除碳酸盐。这样才能避免氢氟酸的无谓消耗和生成氟化钙沉淀。

实验表明，土酸酸化砂岩油气层时，开始渗透率不升反降，继续注酸，渗透率增大。造成这种现象的原因是：一是由于砂岩基质部分解体，一些微粒及解体生成的微粒随酸液运移至孔喉而引起堵塞；二是难溶物质的生成。但随着反应的继续进行，酸溶解了堵塞物，渗透率随之上升。由此可见，砂岩油气层的酸化较碳酸盐岩油气层的酸化难度大，处理不当易产生二次沉淀，导致酸化失败。

影响砂岩油层酸化效果的主要因素有：

① 黏土矿物的水化膨胀和微粒运移造成油气层的损害。砂岩油气藏中一般含有不同类型和数量的黏土矿物质，这些矿物质与外部水基液体接触后，会引起黏土的水化膨胀和微粒运移，例如，蒙脱石、伊蒙混层等矿物质易水化膨胀，高岭石易产生微粒运移等。

② 酸化后形成二次沉淀造成油气层损害。酸化后的二次沉淀主要有氟化物沉淀和氢氧化物沉淀两类。

砂岩油气层中含有钙离子，砂岩中不同程度地含有钙长石、钠长石、钾长石等，与氢氟酸相遇后易生成 CaF_2、Na_2SiF_6、K_2SiF_6 等氟化物沉淀。

由于管柱的腐蚀、地层含铁矿物质的溶解等原因，酸化后的地层会含有一定量的 Fe^{3+}。当残余酸浓度降到一定程度后，pH 值大于 2.2 时，生成 $Fe(OH)_3$ 氢氧化物凝胶状沉淀。酸的浓度继续下降，还会生成 $Si(OH)_4$ 沉淀，这都会导致孔喉堵塞，降低渗透率，影响酸化效果。

③ 排液不及时。酸化后若不及时排液，残酸在油气层中停留时间过长，当残酸浓度过低，会生成 CaF_2、$Fe(OH)_3$、$Si(OH)_4$ 沉淀，堵塞孔喉，降低油气层渗透率。

④ 砂岩油气层受钻完井的污染情况对酸化效果的影响很大。对于未受钻井、完井、修井、注水等作业污染的砂岩油气层，用土酸酸化效果不佳；对于由于油气层自身黏土矿物质水化膨胀和分散运移而引起的损害，酸化处理效果随活性酸的穿透距离增加而增加；对于受钻井液伤害的砂岩油气层，只要接触浅层损害，就可得到较好的效果。

⑤ 酸化压裂对砂岩油气层酸化效果的影响。土酸与砂岩油气层反应刻蚀比较均匀，不能造就有效的液流通道，所以砂岩油气层酸化压裂效果不明显，一般不使用土酸对砂岩油气层进行酸化压裂处理。

二、酸化用酸

1. 盐酸

油气层用盐酸酸化时，一般使用工业级盐酸，其浓度一般为31%～34%，目前一般使用28%的浓盐酸，使用高浓度盐酸的优势在于：

① 酸-岩反应速度相对较慢，有效作用半径较大；

② 单位体积酸液产生的二氧化碳较多，利于废酸的排出；

③ 单位体积酸液生成的氯化钙较多，抑制盐酸的电离，从而控制酸-岩反应的速度，同时，较高的氯化钙浓度，使得残酸黏度增加，有利于悬浮、携带固相颗粒；

④ 受地层水稀释的影响较小。

盐酸处理的主要缺点是：

① 与碳酸盐岩反应速度较快，特别是高温深井，由于油气层温度高，反应速度快，导致酸化作用半径小，无法处理到油气层深部；

② 盐酸对金属腐蚀严重；

③ 对于硫化氢含量较高的井，用盐酸处理易引起钢材的氢脆断裂。

2. 土酸

在岩层中含泥质较多，碳酸盐较少，油井受钻井液污染较为严重且滤饼中碳酸盐含量较低的情况下，用普通盐酸处理效果不理想。对于这类油水井多采用 10%～15% 的盐酸和 3%～8% 的氢氟酸与添加剂组成的混合酸进行处理，这种混合酸称为土酸(又称泥酸)。

土酸混合使用的原因是：

① 氢氟酸与硅酸盐类及碳酸盐类的反应，易生成氟化物沉淀，只有在酸液浓度高时才处于溶解状态。且氢氟酸与石英反应后生成的氟硅酸，易于生成氟硅酸钠等沉淀，故在酸化前应先将地层水顶替，避免其与氢氟酸接触。

② 氢氟酸与砂岩中各成分的反应速度不同。氢氟酸与碳酸盐反应速度最快，其次是硅酸盐(黏土)，最后是石英。故当氢氟酸进入地层后，大部分氢氟酸首先消耗在与碳酸盐的反应上。而盐酸与碳酸盐的反应较氢氟酸与碳酸盐的反应速度快，故采用盐酸和氢氟酸混合使用，可发挥氢氟酸溶解硅酸盐及石英的作用。

在实际应用中，若地层泥质含量较高，氢氟酸浓度取上限，盐酸浓度取下限；当地层碳酸盐含量较高时，氢氟酸浓度取下限，盐酸浓度取上限。

3. 特殊的无机酸

(1) 磷酸

以磷酸为主体酸并加入多种助剂(如缓蚀剂、磷酸盐结晶改进剂、强极性表面活性剂等)的浓缩液称为浓缩酸。磷酸是一种缓速酸，其反应速度比盐酸慢 10～20 倍，可实现活性酸深部穿透目的。磷酸与盐酸、氢氟酸联合使用，适用于钙质胶结物含量高的砂岩油水井的酸化，用以解除油气层较深部铁质、钙质污染堵塞。同时由于磷酸是中强酸，在水中发生三级电离，可与磷酸二氢盐形成缓冲溶液，保持酸液的 pH 值，防止二次沉淀。

(2) 硫酸

硫酸可用于处理高温灰岩油气层，因为其与灰岩的反应速度在较宽的浓度范围内都较盐酸慢得多。硫酸与灰岩反应，生成大量细小的无水硫酸钙，易于被水流带走，对油气层渗透率无实质影响。而随硫酸钙浓度增加，酸液有效黏度增加，使得高渗透层的水流阻力增加，后续酸液进入原本的低渗透层，实现多层次酸化。其使用浓度一般为 35%～40%。

4. 低分子有机酸

(1) 低分子羧酸

低分子羧酸主要由甲酸、乙酸、丙酸及其混合物组成。甲酸、乙酸都是有机弱酸，在水中部分电离为氢离子和酸根离子，离解常数很低(甲酸离解常数为 $2.1×10^{-4}$，乙酸为

1.8×10^{-5}，而盐酸接近于无穷大）。其反应速度为同等浓度盐酸的几分之一到几十分之一。在高温（高于120℃）深井中，盐酸的缓速和缓蚀无法解决时，可使用低分子羧酸酸化碳酸盐岩油气层。甲酸比乙酸的溶蚀能力更强，更宜酸化。

甲酸或乙酸与碳酸盐岩作用生成的盐类，在水中溶解度较小，故酸化时，酸的浓度不宜过高，以防沉淀堵塞地层。一般甲酸浓度不高于10%，乙酸浓度不高于15%。

（2）芳基磺酸

芳基磺酸为带芳香环的磺酸，如苯磺酸、间苯二磺酸、邻甲苯磺酸等。芳基磺酸具有氯乙酸的特点，即浓度越高，反应速度越慢，故一般使用浓度大于35％（质量分数）的浓度，对于高温井可以使用大于50%（质量分数）的浓度。

（3）氨基磺酸

固体粉末，可与Fe^{2+}、Fe^{3+}、Ca^{2+}、Mg^{2+}等反应生成可溶性氨基磺酸盐。用于油气层酸化的固体酸是由氨基磺酸、表面活性剂、缓蚀剂、铁稳定剂、分散剂等组成。反应类似于盐酸，但溶解度较低。随温度升高，溶解度增加。常以固体棒状投入注水井中或配成水溶液注入其中。

它具有反应速度慢，作用距离远，施工方便，解除铁质、钙质堵塞效果好，对管线腐蚀小等特点。氨基磺酸与铁质、钙质反应速度比盐酸慢，因此，可移除较深部油气层的堵塞。其缺点是成本较高，酸溶解能力仅为同产量HCl的1/3。其反应方程式如下：

$$FeS + 2H_2HSO_3H \longrightarrow (NSO_3H)_2Fe + H_2S \uparrow$$
$$Fe_2O_3 + 6H_2NSO_3H \longrightarrow 2(NSO_3H)_3Fe + 3H_2O$$
$$CaCO_3 + 2H_2NSO_3H \longrightarrow (NSO_3H)_2Ca + H_2O + CO_2 \uparrow$$

对于既存在铁质、钙质堵塞，又存在硅质矿物质堵塞的注水井，采用固体酸与氟化氢铵二者交替注入的办法，能解除油气层较深部的堵塞。其作用机理是氨基磺酸既可解除钙质、铁质堵塞，还可防止氢氟酸与钙质矿物质反应生成氟化钙沉淀。氟化氢铵在酸性介质条件下生成氢氟酸可溶解硅质矿物质。

固体酸对注水井增注虽不像土酸增注那样，注水量成倍增加，但它不破坏油气层结构，且可实现深度酸化，并起到稳注的效果。

应注意以氨基磺酸为主的固体酸水溶液，在较高温度下（大于60℃）开始发生水解，产生硫酸氢铵，进一步水解产生硫酸，生成硫酸钙沉淀，故不适宜于井底温度高于60℃以上的油气层或长期停注的注水井。

（4）多组分酸

所谓多组分酸就是一种或几种低分子羧酸与盐酸的混合物。酸岩反应速度取决于氢离子浓度，因此，当盐酸中混合离解常数小的低分子羧酸时，溶液中氢离子浓度主要由盐酸的氢离子数决定，根据同离子效应，可极大地降低低分子羧酸的电离程度，故在盐酸消耗完前，低分子羧酸几乎不离解，当盐酸消耗完后，低分子羧酸才离解。因此，盐酸在井壁附近起溶蚀作用，低分子羧酸在油气层较远处起溶蚀作用。混合酸的反应时间近似等于盐酸和低分子羧酸反应时间之和，故可得到较长的有效作用距离。

5. 化学缓速酸

早期的化学缓速酸就是添加表面活性剂的酸液，即活性酸。近年来，此类酸液有了新的发展。目前国内外普遍使用氯化铝缓速土酸。

(1) 活性酸

活性酸是溶有表面活性剂的酸。酸液中表面活性剂可吸附在岩石表面，通过控制酸与岩石表面的反应达到缓速的目的。活性酸的缓速过程与酸化过程是合拍的，即刚与油气层岩石接触时，酸浓度大，表面活性剂浓度也大，因而能有效地缓速；随着酸向油气层深处推移，酸浓度减少，表面活性剂浓度也因吸附而减少，酸仍能有效地溶蚀油气层岩石。凡能与酸配伍并易吸附在岩石表面上的表面活性剂，均可用于配制活性酸。

在阴离子表面活性剂中主要使用的是磺酸盐型表面活性剂（如烷基磺酸钠、烷基苯磺酸钠），它耐高温、耐钙镁离子，但不适合浓度大于20%的盐酸。

在阳离子表面活性剂中主要使用的是胺型和季胺型表面活性剂。由于油气层岩石表面常常带负电荷，这类表面活性剂容易以它的阳离子极性基因吸附在岩石表面，使岩石表面变成油润湿，从而有效地影响酸与岩石表面的反应。

在非离子表面活性剂中主要使用的是聚氧乙烯表面活性剂。这类表面活性剂有浊点，在酸性条件下发生浊点降低，会影响使用。活性酸中表面活性剂的浓度为 0.1%~1%。活性酸的缓速效果受它的机理限制，表面活性剂在岩石表面虽然有时可形成多分子层吸附膜，但很难有效地控制离子半径且对岩石表面由特殊作用力的氢离子的攻击。与其他缓速酸相比，活性酸不是一种很好的缓速酸。

(2) 氯化铝缓速土酸

氯化铝缓速土酸简称 AlHF，是将氯化铝加入土酸中形成的氟铝络合物，通过控制氢氟酸的量，从而达到实现缓速酸化的目的。常用的 AlHF 体系是由 $15\%HCl+5\% AlCl_3 \cdot 6H_2O$ 组成，酸液中可形成 $AlF_n^{3-n}(n\leqslant6)$。此酸液进入地层后，与泥质胶结物反应，其中的氢氟酸逐渐消耗，但酸液中的 AlF_n^{3-n} 络合离子可逐级离解出氟离子形成氢氟酸补充。络合离子离解速度随氟离子消耗而逐渐减慢，酸液与泥质的反应速度也逐渐减慢，因此，酸化能达到较深部位。理论上，氟离子与铝离子的浓度比值超过6时，超过部分的氟离子不会形成络合离子，不存在缓速作用；当氟离子与铝离子的浓度比值小于1时，氟离子难以脱离络合离子。因此，氟离子与铝离子的浓度比应在1~6，通常比例为4:1。

AlHF 适用于泥质胶结的砂岩油气层，可处理受钻井液污染的油气层和有泥质堵塞的疏松易出砂油气层，以及常规土酸不能解除的泥质污染油气层。

6. 潜在酸

潜在酸是指在油气层条件下能生成酸的物质。有各种潜在酸，有些可生成盐酸，有些可生成氢氟酸，有些可生成低分子有机酸。

(1) 低分子酸的潜在酸

酯类、酸酐都可在一定的温度下发生水解反应，生成有机酸。不同的酯的水解温度不同，可选择适当的酯用于一定温度的油气层。如甲酸甲酯可用于 54~82℃ 的油气层，乙酸甲酯可用于 88~138℃ 的油气层。

酰卤，如乙酰氯（CH_3COCl），也会由水解反应产生有机酸，同时会生成无机酸。

(2) 卤代烃

卤代烃是一种主要的潜在酸，是卤素原子替代烃类中的一个或几个氢原子形成的。在水解后，可形成无机酸，例如，四氯甲烷可水解形成盐酸，四氟甲烷可生成氢氟酸，也可有两者的混合物。卤代烷烃的水解温度一般为121~371℃，为降低其水解温度，可将卤代烃与异丙醇的混合物注入油气层。

（3）卤盐

卤盐是另一种主要的潜在酸，例如，氯盐可生成盐酸，氟盐可生成氢氟酸。由卤盐生成相应的酸需要引发剂。例如，氯化铵生成盐酸可用醛作引发剂，氟化铵生成氢氟酸可用酸作为引发剂。

7. 泡沫酸

泡沫酸是由酸、气体(氮气或二氧化碳)和起泡剂配制而成的，能延缓酸与岩石反应的泡沫。它具有黏度高、滤失小、管内流动摩阻低、缓蚀作用强、酸化距离远、对地层伤害小、酸化后易返排、携带酸不溶物能力强等优点。其对于老油气井的挖潜改造，尤其对于低压低渗和排液困难的油气层，是一种有效的增产措施。

8. 稠化酸

稠化酸(又称胶化酸或胶凝酸)是用稠化剂提高了黏度的酸。酸液黏度的提高，减小了氢离子向岩石表面扩散的速度，从而控制酸与酸溶性成分的反应速度，增加穿透深度，提高酸化作用效果。此外，高黏度的稠化酸与低黏度酸溶液相比，还具有能压成宽裂缝、滤失量小、摩阻低、悬浮固体微粒能力强等特点。为使得残酸易于排出，稠化酸中需加入延迟降黏剂或破胶剂，包括不交联的稠化酸中加入延迟降黏剂，如PAM稠化的酸中可用联胺或羟胺降黏；在交联的稠化酸中加入延迟破胶剂，如交联PAM或聚糖稠化的酸可用双氧水等过氧化物破胶。

9. 乳化酸或微乳酸

乳化酸是由酸、油和乳化剂配制而成，能延缓酸与油气层岩石反应速度的油包酸乳化液。它进入油气层后一段时间内保持稳定，在稳定状态下油将酸液与岩石表面隔开，只在乳状液破乳后才酸化油气层岩石。引起乳化液破乳的原因是乳化剂在岩石表面的吸附和油层温度的升高。乳化用酸主要是盐酸、氢氟酸或其混合物。油相可用原油或其馏分油(最好是煤油)。酸化油气层温度应为66~121℃，不同温度的油气层，应采用不同的乳化剂。

微乳酸(胶束酸)是由酸、油、醇和表面活性剂配制而成，能延缓酸与油气层岩石反应速度的微乳液。根据胶束理论，由于胶束的增溶作用，将与酸不混溶，又是酸化所需的药剂，与之混溶，并与地层流体形成良好的配伍性。同时，其流变性具有非牛顿流通特性，在近井地带剪切速率大、黏度高，与岩石反应速度小；离开近井地带后，黏度下降，与岩石反应速度增大，改善酸液性能，提高深部酸化效果。

第二节 酸液添加剂

为改善酸液性能，防止酸液产生有害作用而加入的化学物质统称为酸液添加剂，包括缓蚀剂、铁稳定剂、表面活性剂、黏土稳定剂、互溶剂、暂堵剂和减阻剂等。

一、缓蚀剂

酸化处理时，由于酸与储罐、压裂设备、井下管道、井下套管接触，特别是深井井底温度高，而所用盐酸黏度高，会使得这些金属设备发生严重腐蚀，损坏设备，造成事故，同时酸腐蚀金属的产物亚铁离子及铁离子，进入油气层会形成氢氧化亚铁和氢氧化铁凝胶状沉淀，造成油气层堵塞，降低酸化效果。

使用缓蚀剂防止腐蚀是常用的方法，所谓缓蚀剂是指能抑制酸对金属腐蚀的化学试剂。

目前，国内外缓蚀剂种类很多，且已形成系列。按作用机理分为吸附膜型缓蚀剂和"中间相"型缓蚀剂两类。

(1) 吸附膜型缓蚀剂

吸附膜型缓蚀剂含有氮、氧或硫元素，这些元素最外层均有未成键的电子对，可与金属原子的空轨道形成配位键，从而吸附在金属表面，抑制金属的腐蚀，如烷基胺 $R-NH_2$ 吡啶类等。

(2) "中间相"型缓蚀剂

"中间相"型缓蚀剂是利用铁作为催化剂，与氢离子反应，在金属表面形成所谓的"中间相"，抑制金属的腐蚀。如辛炔醇，在铁的催化作用下，与氢离子反应生成烯醇，烯醇通过分子内失水生成共轭烯烃，聚合形成具有缓蚀作用的"中间相"，反应过程如下。

辛炔醇在酸性介质和钢铁表面上加氢产生烯醇：

$$H_3C\text{---}(CH_2)_4\text{---}\underset{\underset{H}{|}}{C}\text{---}\underset{\underset{H}{|}}{\overset{\overset{OH}{|}}{C}}\text{---}CH_2 \xrightarrow[H^+]{Fe} H_3C\text{---}(CH_2)_4\text{---}\underset{\underset{H}{|}}{C}\text{---}\overset{\overset{OH}{|}}{C}\text{---}CH_2$$

烯醇脱水产生共轭烯烃：

$$H_3C\text{---}(CH_2)_4\text{---}\underset{\underset{H}{|}}{\overset{\overset{OH}{|}}{C}}\text{---}\underset{\underset{H}{|}}{C}\text{---}CH_2 \xrightarrow{-H_2O} H_3C\text{---}(CH_2)_4\text{---}CH\text{---}CH\text{---}CH_2$$

共轭烯烃聚合，在钢铁表面形成"中间相"：

$$n H_3C\text{---}(CH_2)_3\text{---}C\text{---}CH\text{---}C\text{---}CH_2 \longrightarrow \left[CH_2\text{---}CH\right]_n$$

缓蚀剂常常是复配使用的，复配使用效果优于单独使用的效果。例如胺与碘化物、炔醇与碘化物等。

二、铁稳定剂

为了防止铁离子水解生成沉淀而堵塞地层造成对油气层的伤害，特别加入能使得铁离子稳定在泛酸中的化学试剂称为铁稳定剂。由于酸化用工业盐酸中就含有 Fe^{3+}，同时酸化过程对于设备、管线、井下管柱的腐蚀也会产生铁离子，且地层矿物质中含有的铁矿石(绿泥石、黄铁矿、赤铁矿等)被酸溶解后同样会生成铁离子，因此，酸化过程中极易产生铁离子的水解反应生成沉淀。Fe^{3+}、Fe^{2+}的浓度决定了它们在溶液中析出时的 pH 值。同浓度时，Fe^{3+}比 Fe^{2+}更易析出，只有通过铁稳定剂的络合、螯合、还原和 pH 值控制等方法，才能防止铁离子的二次沉淀。

$$Fe^{3+} + 3H_2O \longrightarrow Fe(OH)_3\downarrow + 3H^+$$
$$Fe^{2+} + 2H_2O \longrightarrow Fe(OH)_2\downarrow + 2H^+$$

可用铁稳定剂来防止铁离子沉淀。常见的铁稳定剂分为络合剂或螯合剂和还原剂两类。

（1）络合剂或螯合剂

络合剂或螯合剂的铁稳定剂可与 Fe^{3+} 络合或螯合，使之在泛酸中不发生水解，防止氢氧化铁的产生。例如，络合剂乙酸和螯合剂乙二胺四乙酸钠盐都可起到这种作用。

（2）还原剂

还原剂将 Fe^{3+} 还原为 Fe^{2+}，也可在泛酸的 pH 值下达到稳定铁离子的目的。常用的还原剂有甲醛、硫脲、联氨等。

三、表面活性剂

酸液中加入表面活性剂主要起以下作用：

（1）助排

酸液中加入表面活性剂，可降低酸液和原油间的界面张力，从而降低毛管阻力，既可使得酸液易于进入油气层，降低注入压力，又有利于残余酸的返排。常用的助排剂是聚氧乙烯醚和含氟表面活性剂。

（2）缓速

在酸液中加入表面活性剂后，由于其在岩石表面的吸附，使得原本亲水的岩石表面润湿性反转为亲油性，阻碍氢离子向岩石表面的传递，降低酸-岩反应速度。常用的缓速剂有烷基磺酸盐、烷基苯磺酸盐、烷基磷酸盐等。但应注意的是，岩石吸附大量的表面活性剂，使得岩石表面润湿性反转为亲油性后，会影响后续油相的流动及最终采收率，对油气田开发不利。

（3）分散及悬浮固相颗粒

由于岩石由多种矿物质组成，酸无法溶解所有岩石固相，酸化后，酸液无法溶解的黏土、淤泥等杂质颗粒从原来位置脱离，可能运移或絮凝，堵塞油气层孔隙，故应使得杂质颗粒保持分散并随残余酸返排出地层。常用的悬浮剂是阴离子表面活性剂，如烷基磺酸盐等。

（4）防乳化及破乳

酸化施工中，发生设计情况以外的乳化时，会导致酸液黏度高于设计值，流动性下降，使得酸液在井筒附近乳堵或难以返排。常用的防乳化与破乳剂有阴离子型和非离子型表面活性剂。

（5）消泡

由于酸液中常常加入表面活性剂，使其易于产生泡沫，造成酸液溢出，不但会腐蚀设备，还会使得配液量不足，影响酸化效果。常用的消泡剂有异戊醇、烷基硅等。

（6）乳化

为达到缓速目的，人为的使得酸液乳化或微乳化，需要加入如烷基酰胺、烷基磺酸氨、

Span-80等表面活性剂，微乳液中一般含有季铵盐类表面活性剂。

（7）起泡

国外常用泡沫酸作为缓速酸，常用耐酸的非离子表面活性剂和阳离子表面活性剂，如脂肪醇聚氧乙烯、乙氧基化脂肪胺等。

（8）稠化

酸液中加入稠化剂，使得酸液黏度增加，可达到缓速、降摩阻、降滤失等一系列减轻油气层伤害的目的。与常规酸化相比，稠化酸可在一定时间内保持组成均匀稳定，可充分和油气层中酸溶物反应，增加裂缝宽度，提高低渗油气层渗透性，可应用于酸化压裂。稠化酸的关键是稠化剂，常用的酸化稠化剂类同于水基冻胶压裂液稠化剂，如瓜尔胶及其衍生物、纤维素及其衍生物、聚丙烯酰胺类聚合物等。

四、其他添加剂

（1）黏土稳定剂

酸化过程中特别是土酸酸化，黏土稳定剂主要是季铵盐型阳离子聚合物，原因是无机盐黏土稳定剂（如氯化钾、氯化钙等）易与酸反应生成沉淀，如氟化钙、氟硅酸钙等。

（2）互溶剂

醇、酮、醛类及其他很多化学物质都有油水发生互溶的作用，在油气田酸化作业中，互溶剂不但可用使得油水互溶，还可通过将油相溶于水相，清除岩石表面的亲油物质，增加油相相对渗透率，消除或减少酸渣等作用。

（3）暂堵剂

通过暂时堵塞油气层孔隙，使得酸化分层或选择性酸化，以达到酸化低渗地层的目的。国外常用的有膨胀性聚合物（聚乙烯、聚甲醛、PAM、瓜尔胶等）、膨胀性树脂等，同时可起到降滤失的作用。

（4）减阻剂

直链型聚合物可起到增黏、减阻的作用。

第三节　压裂液

一、压裂作业

水力压裂的过程是：在地面采用高压大排量泵，利用液体传压的原理，将具有一定黏度的液体（即压裂液），以大于油层吸收能力的压力向油层注入，使井筒内压力逐渐增高，当压力大于岩石破裂压力时，油层形成对称于井眼的裂缝。裂缝形成后，随着液体的不断注入，使得裂缝延伸、扩展。此时如果停止注入液体，裂缝会重新闭合，故为了防止这一情况的发生，保持裂缝的导流能力，注入的压裂液需携带一定粒径的固体支撑物（如磺砂或陶粒），使其按需要的模式沉积在裂缝中，支撑已形成的裂缝（图5-1）以达到改善井筒附加油层液体流动通道，增大排液面积，降低流动阻力的效果，使油井增产。

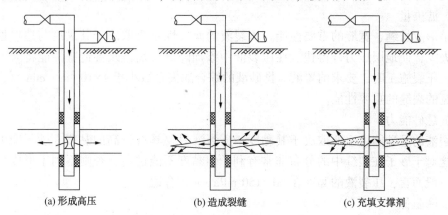

| (a) 形成高压 | (b) 造成裂缝 | (c) 充填支撑剂 |

图 5-1 地层压裂形成裂缝过程示意图

二、压裂液的组成

影响压裂的主要因素是压裂液组成及其性能。对于大型压裂作业而言，压裂液的性能与能否形成足够尺寸、有足够导流能力的裂缝密切相关。压裂液组成及其性能是影响压裂成败的重要因素。

目前，我国每年都要进行水力压裂几千井次，每井次使用多种化学剂 2~4t，支撑剂除外。

压裂液是一个总称，由于在压裂过程中，注入井内的压裂液在不同施工阶段有各自的任务，所以它的组成可以分为：

（1）前置液

它的作用是破裂地层并造成一定几何尺寸的裂缝以备后面的携砂液进入。在温度较高的地层里，它还可以起一定的降温作用。有时为了提高前置液的工作效率，在一部分前置液中加细砂或粉陶(粒径 100~320 目，砂比 10%左右)或 5%柴油以堵塞地层中的裂隙，减少液体的滤失。

（2）携砂液

携砂液的作用是将支撑剂(一般是陶粒或石英砂)带入裂缝中并将砂子滞留在预定位置。在压裂液的总量中，携砂液的比例很大。携砂液和其他压裂液一样具有造缝及冷却地层的作用。

（3）顶替液

中间顶替液用来将携砂液送至预定位置，注完携砂液后要用顶替液将井筒中全部的携砂液替换入裂缝中。

三、压裂液的性能

根据压裂的不同阶段对压裂液性能的要求，压裂液在一次施工中可能使用一种以上的液相，其中还有不同的添加剂。对于占总液量绝大多数的前置液和携砂液，都应具备一定的造缝能力并使得压裂后的裂缝壁面及填砂裂缝有足够的导流能力，为此应具备以下性能：

（1）滤失量

这是形成长缝、宽缝的重要性能。压裂液的滤失性主要取决于其黏度与造壁性，黏度高则滤失少，使地层压力升得快。在压裂液中添加降滤失剂，改善造壁性能将大大减少滤失量。在压裂施工时，要求前置液、携砂液的综合滤失系数小于$1 \times 10^{-3} \mathrm{m \cdot min^{-1/2}}$，这是形成长而宽的裂缝的重要性能。

（2）悬砂能力

压裂液的悬砂能力主要取决于其黏度。压裂液只要具有较高的黏度，砂子即可悬浮于其中，这对于砂子在裂缝中的分布非常有利，但黏度不能过高，否则不利于形成长而宽的裂缝，一般而言，压裂液的黏度在$50 \sim 150 \mathrm{mPa \cdot s}$较合适。

（3）摩阻低

压裂液在管道中的摩阻越小越能有效地传递压力，则在设备动力一定的条件下，用来造缝的有效动力就越多。摩阻高还会提高井口压力，降低排量甚至限制施工。

（4）稳定性

压裂液应具有热稳定性，不能由于温度的升高而使黏度有较大的降低。压裂液还应具有抗机械剪切的稳定性，不因流速的增加而发生大幅度地降解。

（5）配伍性

压裂液加入地层后与各种岩石矿物质及流通接触，不应发生不利于油气渗流的物理-化学反应，即不乳化、不沉没、不引发黏土膨胀或发生沉淀而堵塞油层。这种配伍性的要求，关系到最终压裂的效果。

（6）残渣

要尽量降低压裂液中不溶物的数量（残渣），以免降低岩石及填砂裂缝的渗透率。

（7）易返排

裂缝一旦闭合，压裂液返排越快、越彻底，对油气层伤害越小。

（8）低成本

随着大型压裂的发展，压裂液的需用量很大，是压裂施工中耗费的主要组成部分，降低压裂液成本能大大降低压裂施工费用。近年发展起来的速溶连续配制工艺，大大方便了施工，减少了对储液罐及场地的要求。

四、压裂液的类型

目前国内外使用的压裂液有很多种，主要有水基压裂液、油基压裂液、酸基压裂液、乳化压裂液和泡沫压裂液。其中水基压裂液和油基压裂液应用比较广泛，下面作为重点进行讨论。

1. 水基压裂液

通过向水中加入稠化剂、交联剂及相应添加剂配制而成。近年来，发展的水基冻胶压裂液具有黏度高、悬砂能力强、滤失小、摩阻低等优点。水基冻胶压裂液按所用稠化剂的不同分为三个系列，即植物胶及其衍生物压裂液、纤维素衍生物压裂液、合成聚合物压裂液。

①植物胶及其衍生物压裂液，其稠化剂主要是瓜尔胶、香豆胶、田菁胶、魔芋胶。优点在于黏度高、易配制、成本较低，但耐温性不强，破胶后残渣较多。

② 纤维素衍生物压裂液，其稠化剂主要是 CMC 冻胶、HECMC（羟乙基羧甲基纤维素）冻胶。优点与植物胶压裂液类似，且耐温性同样不佳。

③ 合成聚合物压裂液，稠化剂种类较多，如 PAM、HPAM 等，现场应用较多的是部分水解羟甲基甲叉基聚丙烯酰胺水基冻胶压裂液，其可克服植物胶及纤维素耐温性不强的缺点，但抗剪切能力弱于前两者。

2. 油基压裂液

通过向原油或成品油(汽、柴、煤油)中加入适当的胶凝剂、活化剂、破胶剂等配制而成。相对于水基压裂液，其具有抗温抗剪切性能好、携砂能力强、摩阻低、滤失小等对油气层伤害小的特点，缺点是易燃、不安全。在我国吐哈油气田水敏性油气层应用取得良好的效果。

3. 乳化压裂液

乳化压裂液是指水包油型乳化液，它综合了水基压裂液和油基压裂液的优点。由于水基冻胶为外相，故其摩阻低、黏度高、热稳定性好、携砂能力强、滤失量低、压裂效率高。并且由于乳化压裂液含水量较少，在黏土稳定剂的作用下，可更好地控制黏土膨胀。

4. 泡沫压裂液

泡沫压裂液适用于中、低渗透性的含气砂岩、灰岩和水敏性油气层。

泡沫压裂液是液体、气体及表面活性剂的混合物。液相可以是前面介绍过的水、油、冻胶、酸液等。气相一般采用氮气、二氧化碳、空气或天然气等，但以氮气为主。起泡剂一般采用非离子表面活性剂，如烷基苯酚聚乙二醇醚等。泡沫直径小于 0.25 mm，泡沫质量一般为 60%~85%。泡沫压裂液的优点在于：

（1）携砂能力强

由于黏度高，砂比可高达 64%~72%，泡沫(83%)的携砂能力比交联的冻胶还强。

（2）对油气层伤害较小

泡沫压裂液内气体体积占 60%~85%，液体用量较少，减少了对油气层微细裂缝的水堵问题。

（3）排液条件优越

泡沫破裂后气体驱动液相到达地面，省去抽汲措施，排液时间仅占通常排液时间的一半，既迅速又安全，气井可较快地投入生产，井下的微粒还可以较快地带出地面，排液彻底。

（4）裂缝导流能力高

由于黏度高、裂缝宽度大，支撑物可铺置于裂缝深处，所以裂缝导流能力高。

（5）降滤失性好

泡沫压裂液降滤失性好，在低渗透率的情况下其滤失系数比交联的聚合物还小，泡沫压裂液的利用效率高。

（6）利于深穿透压裂

泡沫压裂液为清水降阻的 40%~66%，有利于深穿透压裂。泡沫压裂液很适合于低压、低渗透、水敏性强的浅油气层压裂。当油气层渗透率比较高时，泡沫滤失量很快增加，所以泡沫压裂液不适用于高渗透油气层压裂。油气层温度过高，对泡沫的破坏较大，因此，泡沫压裂液适于 2000 m 左右的中深井压裂。

美国和加拿大对泡沫压裂液研究比较深入，在改造深层油气层方面取得了很大成果。

美国用泡沫压裂液井数占总施工井次的 10% 以上。

5. 其他类型压裂液

（1）酸基压裂液

酸基压裂液包括稠化酸、胶化酸、乳化酸等，它主要用于碳酸盐岩油气层或灰质含量较多的砂岩油气层的酸化压裂。

（2）液化气压裂液

液化气压裂液是近几年发展起来的新型压裂液，是用液化石油气（丙烷、丁烷、戊烷等）和二氧化碳混合作为压裂液。采用这种压裂液施工时，压裂液应保持一定的临界温度和压力，使其保持液态，防止汽化，还要加入一定量的凝胶以提高黏度达到压裂液携砂的要求。液化气进入油气层以后，随着温度的升高和压力的降低，变为气体迅速从油气层排出。这种压裂液用于渗透率不足 1mD 的致密低渗透油气田，可以收到大幅度增产效果。液化气压裂液的主要问题是成本高，施工条件要求严格，目前在现场的应用受到一些限制。

（3）醇基压裂液

醇基压裂液以醇作溶剂或分散介质。这类压裂液很少使用，主要原因是成本高，且醇不稠化，其泡沫也不易稳定。

（4）非交联缔合型压裂液

非交联缔合型压裂液是根据罗亚平院士的新型超分子结构溶液理论设计开发的，它们在溶液中利用分子链作用形成超分子聚集体，进而发展成空间网络结构。具有良好的黏弹性、抗盐性、耐温性、良好的携带能力以及极低的摩阻。同时可采用水稀释、氧化作用等多种机理破胶保证其破胶性能。近年来，丙烯酰胺类聚合物在油气田压裂中得到广泛运用，但是抗剪切性问题一直存在。由于疏水缔合物可以在分子间产生具有一定强度但又可逆的物理缔合，形成三维网状结构。将这一特性运用到压裂液改性中，提出了以丙烯酰胺和 N-烷基丙烯酰胺为主要单体的合成抗剪切聚合物压裂液稠化剂。

（5）清洁压裂液

使用田菁胶或胍胶类的植物稠化剂的水基压裂液体系的最大问题就是压裂液破胶不完全，返排不完全。破胶后残渣将残留在裂缝内，残留在裂缝中的稠化剂将严重降低支撑剂充填层的渗透率，从而伤害油层，导致压裂效果变差。大量资料表明，注入的稠化剂仅有 33%~45% 能被返排出来，而残余的稠化剂留在裂缝中降低了充填层的渗透率进而影响油井产量。

1997 年，美国 Schlumberger Dowell 公司研制成功一种新型无聚合物压裂液，使用的是一种在一定条件下具有黏弹性的表面活性剂（Visco Elastic Surfactant，VES）。这种压裂液是将黏弹性表面活性剂溶解在盐水中形成的胶束溶液。VES 压裂液黏度低，但能有效地输送支撑剂，原因在于 VES 压裂液是表面活性剂在其中形成了蠕虫状或螺旋状胶束，这种胶束类似聚合物分子，通过胶束的相互缠结形成一定的结构，使得压裂液具有较高的黏度和弹性，具有很强的携砂能力。携带支撑剂是依靠流体的塑性和结构而不是流体的黏度，同时能降低摩阻。该压裂液配制简单，主要用 VES 在盐水中调配。VES 很容易在盐水中溶解，不需要交联剂和破胶剂，需要添加有机酸盐或低分子醇等其他化学助剂。VES 压裂液被地层流体稀释后，胶束结构破坏极易返排，因此无地层伤害，被称为清洁压裂液。可用于配制清洁压裂液的表面活性剂有阳离子表面活性剂、两性表面活性剂和双子表面活性剂。

第四节　压裂液添加剂

压裂液添加剂对压裂液的性能影响非常大，不同添加剂有不同的作用。配制水基冻胶压裂液的添加剂有：稠化剂、交联剂、破胶剂、pH 值控制剂、黏土稳定剂、润湿剂、助排剂、破乳剂、降滤失剂、冻胶黏度稳定剂、消泡剂、减阻剂和杀菌剂等。配制油基冻胶压裂液的添加剂有：胶凝剂（稠化剂）、活化剂（交联剂）、破胶剂、减阻剂和降滤失剂等。

一、稠化剂

1. 水基冻胶压裂液稠化剂

国外主要用瓜尔胶及其衍生物作稠化剂。国内主要使用瓜尔胶、田菁胶、香豆胶、魔芋胶等植物胶及其衍生物，纤维素的衍生物以及部分水解聚丙烯酰胺等作为稠化剂。

（1）植物胶及其衍生物

瓜尔胶、田菁胶和香豆胶的化学成分主要为半乳甘露聚糖，主链为以 3-1,4 苷键连接的甘露聚糖，支链为 α-1,6 苷键连接的半乳糖。它们的化学结构如图 5-2 和图 5-3 所示。田菁胶和瓜尔胶的半乳糖与甘露糖的组成比为 1:2，而香豆胶的半乳糖与甘露糖的组成比为 1:1.2。田菁胶的相对分子质量约为 2×10^5，香豆胶的相对分子质量约为 2.5×10^5，瓜尔胶的相对分子质量为 $(2\sim3)\times10^5$。魔芋胶的化学成分为葡萄甘露聚糖，但化学结构（图 5-4）不同于半乳甘露聚糖，它的主链和支链上都既有葡萄糖单元，又有甘露糖单元，是一种由 D-葡萄糖和 D-甘露糖按 1:1.6 物质的量比以 β-1,4 苷键结合的复合聚糖。其相对分子质量随品种、产地及精制方法而各不相同。

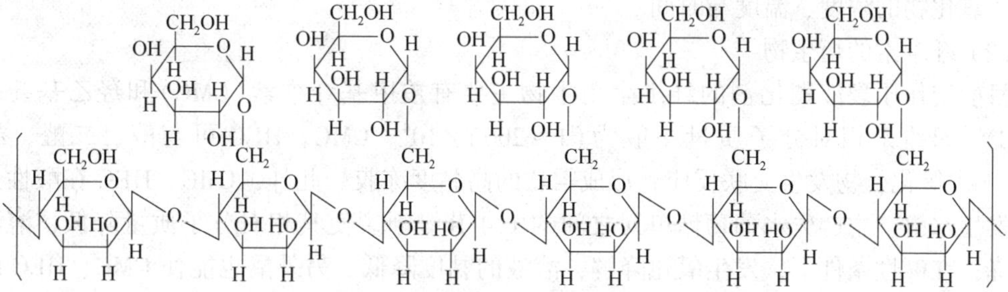

图 5-2　香豆胶半乳甘露聚糖的化学结构

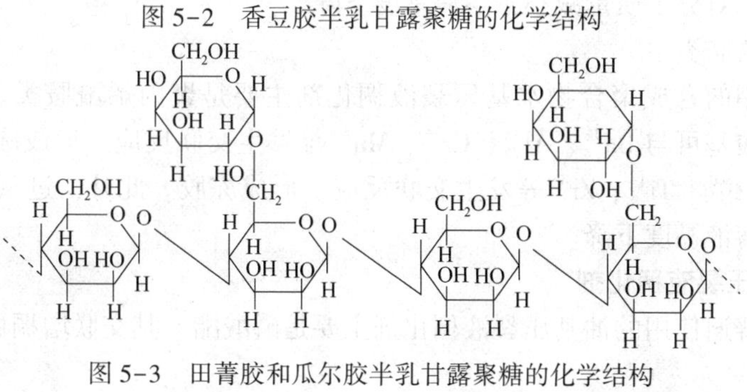

图 5-3　田菁胶和瓜尔胶半乳甘露聚糖的化学结构

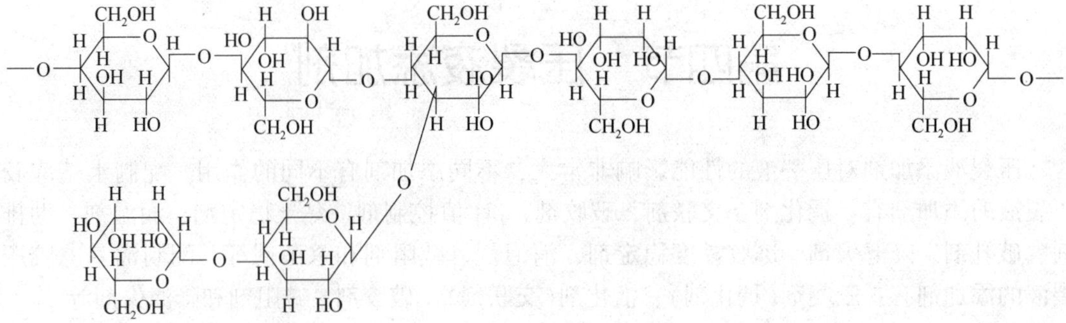

图 5-4　葡萄甘露聚糖的化学结构

这几种植物胶中的两种聚糖可通过其羟基与水形成氢键而溶于水。高分子特性使得这些植物胶具有使水溶液增黏的能力，非离子特性则使它们可以在许多类型的混合水中水合而保持水溶性，因而具有耐盐性。

香豆胶的特点是分子链上具有较多分支侧链，因而不易相互接触而聚沉，故水溶性较好，水溶液较稳定，魔芋胶也有类似特点。

这几种植物胶分子中的两种聚糖都可以通过甘露糖单元上的顺式邻羟基与金属络合物或螯合物发生交联作用，形成体型网状结构的高黏度弹性冻胶。已经知道的交联剂有硼盐（硼盐的水溶液是一种络合物）、有机钛和有机锆螯合物。

植物胶在 80℃ 以下是比较稳定的，但在 80℃ 以上，其主链甘露糖单元之间的缩醛键迅速断裂而导致降解，溶液黏度迅速下降。此外，酸对植物胶的缩醛键的断裂有催化作用，酶也能使植物胶发生降解。植物胶及其衍生物在氧化剂如过硫酸盐、过氧化氢等的作用下，通过自由基使主链缩醛键发生断裂，并生成聚合物自由基进一步使植物胶降解，降解程度取决于氧化物的浓度、温度与时间。

（2）纤维素的衍生物

目前用作压裂液稠化剂的纤维素衍生物主要有羧甲基纤维素（CMC）和羟乙基纤维素（HEC）。纤维素相对分子质量一般为 $(1 \sim 200) \times 10^4$。CMC、HEC 可与醛、二醛、Al^{3+}、Cr^{3+}、Fe^{3+} 等化合物发生交联反应，形成柔软的高黏度冻胶。此外，CMC、HEC 在酸性条件下会发生水解，主链失水葡萄糖单元之间的 1,4 苷键断裂使其相对分子质量降低，溶液黏度下降；在碱性条件下，发生氧化降解，溶液的黏度降低。另外酶也能使 CMC、HEC 的分子链断裂，使其相对分子质量减小，溶液黏度下降。

（3）聚丙烯酰胺类

目前国内使用的合成聚合物水基压裂液稠化剂主要是聚丙烯酰胺类。在酸性条件下，聚丙烯酰胺中的羧基可与 Ba^{2+}、Al^{3+}、Cr^{3+}、Mn^{2+} 等发生交联反应，形成冻胶；其分子中的酰胺基可与醛、二醛、Ti^{4+}、Zr^{4+} 等发生交联反应，形成冻胶。此外，过氧化物可使聚丙烯酰胺氧化降解，溶液黏度下降。

2. 油基冻胶压裂液稠化剂

目前国内外普遍使用的油基压裂液稠化剂主要是磷酸酯，其交联增稠机理如下：

$$RO-\underset{OH}{\underset{|}{\overset{O}{\overset{\|}{P}}}}-OH + R'O-\underset{OH}{\underset{|}{\overset{O}{\overset{\|}{P}}}}-OH + RO-\underset{OR'}{\underset{|}{\overset{O}{\overset{\|}{P}}}}-OH + NaAlO_2 \xrightarrow{\text{交联增稠}}$$

（网状结构）

二、交联剂

1. 水基冻胶压裂液的交联剂

通过化学键或配位键能与稠化剂发生交联反应生成冻胶的试剂叫作交联剂。常用的水基冻胶压裂液的交联剂见表 5-1。

表 5-1 交联基团和交联剂

交联基团	稠化剂代号	交联剂	交联条件
—COO⁻	HPAM，CMC	$BaCl_2$、$AlCl_3$、$K_2Cr_2O_7$＋Na_2SO_3、$KMnO_4$＋KI	酸性交联
邻位顺式羟基	GG，HPGM，PVA	硼砂、硼酸、二硼酸钠、五硼酸钠、有机钛、有机锆	碱性交联
邻位反式羟基	HEC，CMC	醛、二醛	酸性交联
—CONH₂	HPAM，PAM	醛、二醛、Zr^{4+}、Ti^{4+}	酸性交联
CH₂CH₂O	PEO	木质素等	碱性交联

注：HPAM—部分水解聚丙烯酰胺；GG—瓜尔胶；HPGM—羟丙基半乳甘露聚糖；PVA—聚乙烯醇；PAM—聚丙烯酰胺。

（1）硼交联剂

硼交联剂有硼砂、硼酸等，在碱性条件下它们迅速与瓜尔胶、田菁胶及其衍生物等含有丰富邻位顺式羟基的半乳甘露聚糖交联成水基冻胶压裂液。在 pH 值为 9~12 时冻胶热稳定性好，能适用于 150℃ 以内油气层的压裂。

（2）钛交联剂

钛交联剂有三乙醇胺钛酸盐、钛乳酸盐、正钛酸四异丙基酯、正钛酸双乳酸双异丙基酯、正钛酸双乙酰丙酮双异丙基酯等，钛交联能提高压裂液的耐温性，它广泛地应用于田菁胶、瓜尔胶和 CMC 的交联中。在中性 pH 值下能够形成适用于 120~150℃ 油气层压裂的冻胶压裂液，其缺点是有机钛易水解降低活性。

（3）锆/胺交联剂

锆/胺交联剂是用正丙基锆盐或正丁基锆盐与三乙醇胺混合搅拌，生成锆/胺交联剂，交联多糖聚合物，加入缓冲剂、pH 值控制剂、抗氧剂等，能够形成适合 93~340℃ 的高温深井压裂的冻胶压裂液。锆交联剂还有锆乙酰丙酮、锆乳酸盐、锆醋酸盐等，锆离子又能防止黏土膨胀。

（4）铝交联剂

铝交联剂有明矾、铝乙酰丙酮、铝乳酸盐和铝醋酸盐等，交联聚丙烯酰胺及其衍生物等，为了活化铝交联剂常添加无机酸或有机酸，将 pH 值调到 6 以下交联的压裂液在 80℃ 以上仍很稳定。

（5）铬交联剂

铬交联剂有硫酸铬钾和重铬酸钾等，它们交联 CMC 等，因铬有毒，已不常使用。

2. 油基冻胶压裂液的交联剂

油基冻胶压裂液的交联剂常用的主要有 Al^{3+}（如铝酸钠、硫酸铝、氢氧化铝等）、Fe^{3+} 以及高价过渡金属离子等。

三、破胶剂

压裂液破胶剂是指在一定时间内将压裂液黏度降低到足够低的化学试剂。

1. 水基冻胶压裂液的破胶剂

常见的水基冻胶压裂液的破胶剂有以下几种类型：

（1）过氧化物

过硫酸铵、过硫酸钾、高锰酸钾（钠）、叔丁基过氧化氢、过氧化氢、重铬酸钾等化合物可产生[O]，使植物胶及其衍生物的缩醛键氧化降解，使纤维素及其衍生物在碱性条件下发生氧化降解反应。这些化合物的放氧过程和温度有关，在低温下放氧缓慢，如过硫酸铵在低于 48℃ 时氧化性很差，必须加入金属亚离子（Fe^{2+}、Cu^+）才能促使过硫酸铵放氧，在温度 100℃ 以上则放氧很快。因此，要根据油气层温度及要求的破胶时间慎重选用破胶剂。氧化剂只用于 130℃ 以内。

（2）酶

如淀粉酶、纤维酶等，对于生物聚合物有降解效果，通过催化水解过程，破坏冻胶结构。酶的使用温度应低于 65℃，pH 值为 3.5~8.0。

（3）潜在酸

如甲酸甲酯、乙酸乙酯、磷酸三乙酯等有机酯以及三氯甲苯、二氯甲苯、氯化苯等化合物在较高温度条件下能放出酸，使植物胶及其衍生物、纤维素及其衍生物的缩醛键在酸催化下水解断键。潜在酸通过改变液相 pH 值使得冻胶的交联结构被破坏。在碳酸盐岩含量较高的油气层中，不能用酸作破胶剂，因为酸与碳酸盐反应，酸失去作用。

（4）潜在螯合剂

如草酸二甲酯、丙二酸二甲酯、丙二酰胺，可在合适的温度水解产生草酸或丙二酸，螯合冻胶中的交联剂——金属离子（如铝离子），使得冻胶结构破坏，降低黏度。

近年来，随着科学技术的不断提高，国内外石油工作者研发出了胶囊破胶剂。胶囊破胶剂既可以使冻胶压裂液破胶，又不引起冻胶压裂液过早破胶。胶囊破胶剂包括囊芯（破胶剂本身）和囊衣两部分，囊芯可选用各种常用破胶剂，而囊衣可选用具有水基、可喷雾和易成膜等特性的材料，再制备胶囊破胶剂，可以有效应用于现场破胶。

2. 油基冻胶压裂液破胶剂

目前国内外常用的油基冻胶压裂液破胶剂主要有碳酸氢钠、苯甲酸钠、醋酸钠、醋酸钾等。醋酸钠的破胶机理如下：

$$\text{(网状结构)} \quad +3NaAc或+(NaAc+2NaOH) \xrightarrow{\triangle}$$

$$O=P(ONa)(OR')—O—... \quad +Al(Ac)_3或Al(OH)_2AC$$

四、pH 值控制剂

调节和控制溶胶液、交联液和冻胶酸碱度的试剂为 pH 值控制剂。部分水解聚丙烯酰胺及其衍生物铝冻胶和 CMC 铬冻胶在酸性条件下形成；瓜尔胶、田菁胶及其衍生物硼、钛、锆冻胶在碱性条件下形成；田菁胶冻胶在碱性较大情况下破胶不彻底，有结块现象。因此，需要用 pH 值控制剂来控制稠化剂水解速度、交联速度、破胶速度及细菌的生长。pH 值控制范围为 1.5～14 的 pH 值控制剂有：氨基磺酸，pH = 1.5～3.5；富马酸，pH = 3.5～4.5；醋酸，pH = 2.5～6.0；盐酸，pH < 3；二乙酸钠，pH = 5.0～6.0；亚硫酸氢钠，pH = 6.5～7.5；碳酸氢钠，pH = 10～14。

五、减阻剂

压裂液减阻剂是指在紊流状态下，减小压裂液流动阻力的化学剂。压裂液减阻剂一般是线型（有一定支链结构的）聚合物高分子，通过储存紊流时液体旋涡的能量而减小压裂液的流动阻力。减阻剂与稠化剂相同，可一剂两用。

六、支撑剂

压裂液将其带入裂缝，在压力释放时用以支撑裂缝的物质。如石英砂、铝矾土、氧化铝、核桃壳等，树脂涂敷砂，粒径在 0.4~1.2mm。

除了上述压裂液添加剂之外，为了保持压裂液具备良好的性能，视施工作业和地层条件，有时还需加入杀菌剂、降滤失剂和起助排、破乳和消泡作用的表面活性剂等。上述压裂液添加剂，并非都需加在压裂液中，实际中应根据需要确定，并要注意各添加剂之间以及添加剂与基液和成胶剂之间的配伍性。

第五节　开发页岩气、煤层气用压裂液

页岩气、煤层气是一种潜在资源量巨大的非常规天然气资源，具有开发深度浅、勘探风险小、投资少、见效快的特点，在我国分布广泛。煤层气、页岩气的地质特征既不同于常规气藏，也彼此不同。近年来，能源的严峻形势使页岩气、煤层气在全世界受到广泛的重视。美国是世界上煤层气、页岩气勘探开发技术最成熟的国家，而我国页岩气、煤层气的勘探和开发起步较晚，需进一步地发展和完善。

一、页岩气成藏机理

页岩气是一种特殊的非常规天然气，储存于泥岩或页岩中，具有自生自储、无气水界面、大面积连续成藏、低孔低渗等特点，一般无自然产能或低产，需要大型水力压裂和水平井技术才能进行经济开采，单井生产周期长。

页岩气储层低渗致密(孔喉在 3~12Å 范围内)，纳米级孔隙发育，具有以下特点：

① 储气模式以游离气和吸附气为主。由于页岩气储层比表面积较常规砂岩储层大很多，其吸附气量远大于砂岩储层，故需要大规模压裂，增大改造体积。

② 储层岩性及矿物组成复杂，脆性强，压裂时易实现脆性压裂形成网状裂缝。

③ 储层对于液相污染及毛细管力敏感，易发生液相堵塞。

④ 高采气流速会导致地层出砂，不稳定。

如果天然裂缝不发育或不能通过大型压裂形成复杂得多缝或网络裂缝，页岩气储层很难成为有效储层。脆性和天然裂缝发育的地层中容易实现体积改造，而塑性较强地层实现体积改造比较困难。

页岩气以吸附或游离态存储于低孔低渗、富含有机质的暗色泥岩、高碳泥岩、页岩及粉砂质岩类夹层中，生成于有机成因的各种阶段，它主要以游离态(约 50%)存在于裂缝、孔隙及其他储集空间中，以吸附态(约 50%)存在于干酪根、黏土颗粒及孔隙表面，极少量以溶解态储存。与常规气藏不同，页岩气藏具有独立的油气系统，烃源岩、储集层和盖层都是其本身，生成后的运移也发生在其内部。

二、煤层气成藏机理

煤层气与常规石油天然气不同，它主要以吸附状态保存在煤的基质孔隙内表面，只有很少量呈游离态保存于煤岩割理和其他裂隙中，因此可以不需要通常的圈闭存在。煤层气聚集主要有较好的盖层条件，能够维持相当的地层压力，无论在储层的构造高部位还是底部位，都可以形成气藏。因此，煤层气主要通过吸附作用将天然气聚集起来，为典型的吸附成藏机理。

煤层气的产出必须经过"解吸—扩散—渗流"过程，其规模和渗流速率与储层孔隙压力降低值成正比。只有当压力降至煤层的临界解吸压力以下时才形成解吸。因此，目前开采煤层气的方法一般需要抽排煤层中的承压水，降低煤层压力，使吸附的甲烷释放。煤层气藏的渗透率普遍较低，一般为 $0.3 \sim 0.5$ mD，且兼具低孔低渗的特点，若不进行任何增产措施，大多数井无工业开采价值。

三、开发页岩气用压裂液

由于页岩气储层特点不同，选择的压裂液也不同。目前主要应用的有减阻水压裂液、复合压裂液、线性胶压裂液、泡沫压裂液、疏水缔合聚合物压裂液、液态二氧化碳压裂液、LPG 无水压裂液体系等，而减阻水（滑溜水）压裂液体系和复合压裂液压裂液体系是目前主要压裂液体系。

1. 减阻水压裂液

减阻水压裂液又称清水或滑溜水，不添加交联剂、稠化剂，故其黏度较低，利于形成复杂相态的裂缝，但携砂能力不足。适用于无水敏、储层天然裂缝较发育、脆性较高的地层。其主要特点是：易于形成剪切缝和网状缝，对地层伤害小，成本低。在相同作业规模下，减阻水压裂比常规冻胶压裂其成本可以降低 $40\% \sim 60\%$。

我国在借鉴北美页岩气压裂的经验和前期国内页岩气压裂实践的基础上，针对页岩储层应力差异大、黏土矿物含量高和裂缝不发育等具体特点，研发了页岩气高效变黏减阻水压裂液体系，体系组成为：$0.1\% \sim 0.2\%$高效减阻剂+$0.1\% \sim 0.3\%$复合防膨剂+0.1%复合增效剂+0.01%杀菌剂+水。该体系具有"两低两好两易"的特点，即低摩阻、低伤害，好造缝、好返排，易配制和易调整。新型高效变黏减阻水压裂液已在我国四川盆地及周缘地区多个区块页岩气水平井成功应用。

2. 复合压裂液

复合压裂液主要针对黏土含量高、塑性较强的页岩储层，施工时前置减阻水与冻胶交替注入，支撑剂先为小粒度，后为中等粒度，通过低黏度活性水携砂在冻胶液中发生黏滞指进现象，减缓支撑剂沉降，确保裂缝导流能力。

3. 线性胶压裂液

线性胶压裂液由水溶性聚合物与添加剂配制，不含交联剂，稠化剂较一般交联压裂液低，主要用于页岩气压裂封口。线性胶分子是一种线型结构，该体系具有耐剪切、易于流动、摩阻低、易于返排的特点。适用于物性稍差的低水气藏、特低渗地层的压裂改造。线性胶压裂液体系在不同的注入管径和排量下，它的摩阻为清水摩阻的 $23\% \sim 30\%$ 左右，因此大大降低了施工压力及缝内净压力，降低了压裂液在缝内流动阻力，有助于缝高的控制。

4. 泡沫压裂液

泡沫压裂液是液体、气体及表面活性剂的混合物。液相可以是前面介绍过的水、油、冻胶、酸液等。气相一般采用氮气、二氧化碳、空气或天然气等，但以氮气为主。起泡剂一般采用非离子表面活性剂，如烷基苯酚聚乙二醇醚等，泡沫直径常小于 0.25mm，泡沫质量一般为 60%~85%。泡沫压裂液适用于低压、低渗、水敏性强的浅油气层，当油气层渗透率较高时，泡沫滤失量很快增加，故不适于高渗油气层。另外，高温油气层也不适于泡沫压裂。一般适用于 2000 m 左右的中深井压裂。

5. 疏水缔合聚合物压裂液体系

疏水缔合聚合物在水溶液中，疏水基团之间能通过缔合、库仑力、氢键等作用，形成具有可逆性空间网状结构。这种空间结构有利于形成压裂液，同时能降低流体摩阻，增强抗剪切性等。

6. 液态二氧化碳压裂液体系

北美从 20 世纪 80 年代利用液态二氧化碳作为压裂液进行了现场试验，并获得了成功，但是还是暴露出了压裂液黏度过低的问题。针对这一问题，国外进行了深入的研究，并利用在液态二氧化碳中加入可溶性二氧化碳发泡剂的方法，在液态二氧化碳中生成氮气泡沫，大大提高了压裂液体系的黏度，改善了液态二氧化碳压裂的效果。

液态二氧化碳液压裂施工后，液态的二氧化碳容易变为气态排出，而且氮气泡沫的加入使体系中不用加入携砂剂、增黏剂和其他化学物质，因此，液态二氧化碳压裂液也是一种低伤害的压裂液，拥有非常好的研究前景。

7. LPG 无水压裂液体系

LPG 无水压裂技术主要是应用丙烷混合物替代水进行压裂作业，将丙烷压缩到凝胶状态，与支撑剂一起压入岩石裂缝，具有有效裂缝长、支撑剂悬浮能力强、油藏类型适应范围广、无污染、二氧化碳零排放、可实现闭环循环、能够 100% 地回收利用等诸多优势。

在环保方面，与水力压裂液相比，LPG 压裂液具有低表面张力、低黏度和密度以及能与储层中的烃类物质相融合、可再利用等多项优良属性，从而可以获得更多的有效裂缝、更大的初始产量、更优的环保效果和更长的油气生产寿命。在节约用水方面，LPG 压裂无须耗水，平均每口井可节省压裂用水 $(1.14~4.54)\times10^4 m^3$。作为一项发展中的新技术，LPG 无水压裂技术的推广应用正在逐渐由部分单井向大盆地或区块发展，并有可能成为众多石油公司的优选方案。将来，即便不能完全主导压裂开发市场，它也可在有特定需求的油气区块发挥重要作用。

四、开发煤层气用压裂液

常见的压裂液有线性胶压裂液、冻胶压裂液、泡沫压裂液、清水压裂液、黏弹性表面活性剂压裂液、清洁压裂液和纯二氧化碳压裂液等。

1. 线性胶压裂液(植物胶)

线性胶压裂液主要由胍胶、活性剂、破胶剂和杀菌剂组成，其优点是：线性胶不能完全悬浮，随着裂缝中剪切速率的降低，支撑剂逐渐沉淀，有助于降低施工摩阻，控制液相滤失；流变性好、易破胶、配制简便，对储层伤害低；黏度高、携砂性强。其缺点是：压裂液密度较高、返排较困难。

2. 冻胶压裂液

冻胶压裂液主要有交联冻胶压裂液和锆冻胶压裂液，其优点是：黏度高、滤失低、摩阻小、对储层伤害低；造缝效率高、携砂能力强；在高渗透条件下，与稀井网配合，可得到较理想的压裂效果。其缺点是：彻底破胶较困难，携带的固相易滞留在孔隙中。

3. 泡沫压裂液

泡沫压裂液主要由二氧化碳或氮气制得。氮气可与一切基液配伍，可用于低压、低渗井。二氧化碳只能与水、甲醇、乙醇配伍，可用于常压中深井及高温井。其优点是：进入地层的液相较少；泡沫本身具有一定的能量，利于返排；滤失量较低，携砂能力较强、摩阻低。适用于低压、低渗、浅层等需要增能的储层。

4. 清水压裂液

清水压裂液含有少量活性剂及聚合物，其优点是：配制简便、配伍性好，成本低。其缺点是：携砂能力差，裂缝导流能力低、施工摩阻高，返排困难。

5. 黏弹性表面活性剂压裂液

黏弹性表面活性剂压裂液利用表面活性剂形成胶束所具有的黏弹性及表面活性剂的活性，达到降低压裂后聚合物的残留，形成高导流能力的裂缝，同时破胶后黏度极低，易于返排。

6. 清洁压裂液

清洁压裂液由长链表面活性剂、胶束促进剂及无机盐组成，其优点是：无须破胶剂即可自动破胶；易于返排，无残渣；携砂能力强，可抑制黏土膨胀、摩阻低。其缺点是：滤失量大，成本高，耐高温能力不强。

7. 纯二氧化碳压裂液

纯二氧化碳压裂液是以液态二氧化碳作为压裂液。其优点是：清除由于常规压裂液所造成的地层伤害，且对地层伤害小；地层中压裂液的残余饱和度为零，可完全避免对裂缝附近储层渗透率的伤害；压裂后反排迅速彻底，携砂性好，可以在压裂后立即评价地层的潜在产能。缺点是：液态压裂液黏度很低，携带支撑剂的量比常规作业的小；施工中压裂液滤失严重，对排量极其敏感；摩阻压力损失比常规压裂液高；井底温度必须依靠大排量及大用量降低至二氧化碳的临界温度以下，才能保证二氧化碳为液态，并具有一定黏度，可以压开地层保证支撑剂的注入；混砂设备必须为特制的可加压的特殊装置，价格贵。

综上所述，清水、活性水和表面活性剂压裂液价格低廉，压裂成本较低，但其黏度低、携砂能力差、失水量大、废水处理量大；聚合物压裂液，尤其是交联聚合物压裂液，黏度高、携砂能力好、失水量小，但聚合物中有不溶性杂质及其不完全降解碎片，会堵塞裂缝；泡沫压裂液黏度高、携砂能力强，而且容易返排，但成本较高。故在实际压裂施工过程中需要根据实际煤储层特性，有针对性地选择适宜的压裂液。

思考题

【5-1】影响砂岩油层酸化效果的因素主要有哪些？

【5-2】酸液中的表面活性剂的作用有哪些？

【5-3】压裂作业的目的是什么？对压裂液的性能有何要求？

【5-4】举例说明破胶剂的破胶机理是什么？

【5-5】清洁压裂液的优点有哪些？

【5-6】页岩气和煤层气压裂相对于常规压裂应特别注意什么？

第六章　集输化学

第一节　原油的破乳和消泡

世界各地油气田所产原油组成及性质差别极大，特别是原油中所含有的各种表面活性物质，如环烷酸、脂肪酸、胶质、沥青质等，这些物质通过吸附在油水界面或气液表面，导致原油乳化或起泡，并对液珠和气泡有稳定作用，导致乳化原油难以破乳和起泡原油难以消泡问题，影响原油的开采、输送和后期处理，需要对这些问题加以解决。

一、原油的破乳

1. 乳化原油类型

乳化原油是指以原油为分散介质或分散相的乳状液。由于乳化原油会增加泵、管线和储罐的负荷，引起金属表面的腐蚀和结垢，故乳化原油需要进行破乳作业，将水脱出。

（1）油包水型乳化原油

油包水型乳化原油是以原油为分散介质，水为分散相的乳化原油。一次采油和二次采油采出的乳化原油大多是油包水乳化原油。稳定这类乳化原油的乳化剂主要是原油中的活性石油酸（如环烷酸、胶质酸等）和油湿性固体颗粒（如蜡颗粒、沥青质颗粒等）。

（2）水包油型乳化原油

水包油型乳化原油以水为分散介质，以原油为分散相的乳化原油。化学法采油（特别是碱水驱、表面活性剂驱）采出的乳化原油大多是水包油型。稳定这类乳化原油的乳化剂是活性石油酸的碱金属盐、水溶性表面活性剂或水湿性固体颗粒（如黏土颗粒等）。

这两种类型的乳化原油是基本类型的乳化原油。但在显微镜观察中还发现，这些类型的乳化原油中还包含一定数量的油包水包油（记为油/水/油）或水包油包水（记为水/油/水）的乳化原油，这些乳化原油称为多重乳化原油。乳化原油类型的复杂性可能是一些乳化原油难以彻底破乳的原因之一。

2. 油包水型乳化原油的破乳

（1）油包水型乳化原油的破乳方法

油包水型乳化原油的破乳方法主要有热法、电法和化学法，也可联合使用以加强作用效果。

① 热法　通过升高温度破坏油包水乳化原油的方法。由于升温可减少乳化剂在界面上的吸附量，导致界面张力上升，同时，升温使得分散介质的黏度下降，有利于分散相的聚并和分层。

② 电法　在高压（$1.5 \times 10^4 \sim 3.2 \times 10^4$ V）的直流电场或交流电场下破坏油包水乳化原油的方法。在高压电场作用下，水珠被极化形成纺锤状，表面活性剂浓集在变形水珠的端部，使得垂直电力线方向的界面保护作用降低，导致水珠沿电力线方向聚并，引起破乳。

③ 化学法　通过加入化学试剂破乳剂，使得油包水乳化原油破乳的方法。

（2）油包水乳化原油的破乳剂

一般的低分子破乳剂，如脂肪酸盐、烷基硫酸酯盐、烷基苯磺酸盐、OP 型表面活性剂等，可作为油包水乳化原油的破乳剂，但高效的破乳剂是高分子型破乳剂。这类破乳剂一般由引发剂（如丙二醇、丙三醇、二乙烯三胺等）和环氧化合物（如环氧乙烷、环氧丙烷等）反应生成，可通过扩链剂（如二异氰酸酯、二元羧酸等）增加其分子质量。这类高分子破乳剂的结构特点是：相对分子质量高；直链或带有支链结构；以非离子表面活性剂为主。

（3）油包水乳化原油破乳剂的破乳机理

低分子破乳剂基本是水溶性破乳剂（HLB 值大于 8），其相对于油包水乳化原油乳化剂（HLB 值一般为 3~6）是反型乳化剂，通过抵消作用使得乳状液破乳。而高分子破乳剂的作用机理主要是：

① 不牢固吸附膜的形成　高分子破乳剂在界面上取代原本的乳化剂后，形成的吸附层不紧密（特别是支链型的破乳剂），保护性差。

② 对分散相（水珠）的桥接　高分子破乳剂可同时连接两个或两个以上的水珠，使得水珠聚集，导致碰撞、聚并的机会增加。

③ 对乳化剂的增溶　高分子破乳剂在较低的浓度下即可形成胶束，利用其胶束的增溶能力，将乳化剂增溶在胶束内部，导致乳化原油破乳。

3. 水包油型乳化原油的破乳

（1）水包油型乳化原油的破乳方法

与油包水乳化原油的破乳方法类似，水包油型乳化原油的破乳方法也有热法、电法、化学法。不同的是，电法破乳需要在中频（$1 \times 10^3 \sim 2 \times 10^4$ Hz）或高频（大于 2×10^4 Hz）的高压交流电场下进行（由于水导电，故电极的一端须为绝缘的），通过干扰乳化剂在界面吸附的定向排列而导致破乳。

（2）水包油型乳化原油的破乳剂

有四类破乳剂，即电解质、低分子醇、表面活性剂和聚合物。

① 电解质有盐酸、氯化钠、氯化镁、氯化钙、硝酸铝等。

② 低分子醇有甲醇、乙醇、丙醇、己醇、戊醇等。

③ 表面活性剂包括阳离子表面活性剂和阴离子表面活性剂。

④ 聚合物一般为阳离子及非离子聚合物。

（3）水包油型乳化原油破乳剂的破乳机理

电解质主要通过影响油水两相极性差导致乳化剂在界面上重排，同时减少油珠表面的负电性，使得乳状液破乳。

低分子醇类通过改变油水极性差，使得乳化剂在油水两相内移动，改变原本的界面平衡，使得乳状液破乳。

表面活性剂通过与乳化剂反应（阳离子表面活性剂）、形成不牢固的吸附膜（带支链结构的阴离子表面活性剂）、抵消作用（油溶性表面活性剂）使得乳状液破乳。

聚合物中非离子聚合物通过桥接作用破乳，而阳离子聚合物除了桥接作用外还可中和油滴表面负电荷。

二、原油的消泡

1. 原油泡沫形成的机理

原油主要是在油气分离和原油稳定过程中易形成泡沫，这主要是由于压力下降和温度升高，使得原油中轻质组分（$C_1 \sim C_7$的轻烃类）和溶解气析出，形成气液界面，在原油中表面活性剂的作用下，形成泡沫。

原油中表面活性剂包括低分子表面活性剂（脂肪酸、环烷酸等）和高分子表面活性剂（胶质、沥青质等）。低分子表面活性剂，由于分子小，易扩散至油气表面，降低气液界面张力，使得泡沫易于形成；高分子表面活性剂虽分子较大，不易扩散，但吸附到气液界面后，易于形成牢固的界面膜，使泡沫稳定。同时由于原油黏度较大，使得泡沫中分隔气泡的液（油）膜不易流动，导致油（液）膜排液过程较慢，而表面活性剂吸附膜的存在抑制了大小气泡间由于压力差而发生的气体扩散（气泡内压力与其尺寸成反比），故原油泡沫稳定性强。

原油泡沫的形成会严重影响油气分离和原油稳定的效果，并使计量工作难以进行。

2. 起泡原油的消泡

一般采用原油消泡剂使得原油消泡，采用的原油消泡剂有：

（1）溶剂型原油消泡剂

溶剂型原油消泡剂主要是低分子醇、醚、醇醚和酯。其作用机理是通过其与气液两相间的界面张力都较低，快速扩散，取代原本的油气界面，使分隔气泡液膜流动性增加，排液过程加速，导致液膜局部变薄而使泡沫破裂。

（2）表面活性剂型原油消泡剂

表面活性剂型原油消泡剂主要是指一些有分支结构的表面活性剂，如聚氧乙烯、聚氧丙烯、丙二醇醚等。当这类消泡剂喷洒在原油泡沫上时，消泡剂分子通过取代原本存在、起稳定泡沫作用的表面活性物质后，形成不稳定的保护膜，导致泡沫破裂。

（3）聚合物型原油消泡型

聚合物型原油消泡剂主要是指其与气相的表面张力和其与油相的表面张力都较低的聚合物，其消泡机理与溶剂型原油消泡剂消泡机理相同。

第二节 原油降凝、降黏和减阻

为改善长距离管道输送原油的流动状况，原油凝固点的降低（降凝）、降黏和原油管输阻力的减小（减阻）是原油集输中的两个重要问题，用化学方法解决这些问题，效果显著。

一、化学降凝

原油（含蜡）流动性下降甚至丧失主要是由于在低温下析出片状和针状的蜡晶，这些蜡晶互相结合、形成体型结构，并将原油中的重要组分（胶质、沥青质等）、油泥等吸附在其周围或包裹在体型结构中形成蜡膏状物质。

在原油中加入降凝剂可通过改变蜡晶形态（注意，并不能抑制蜡晶析出），在原油浊点不变的情况下，受一定的剪切力作用后，蜡晶结构易于被破坏或无法形成体型结构，从而使原油的流动性增强。

化学降凝法，除了可以降低原油凝固点、改善原油流动性外，还可用于高含蜡原油的常温、低温输送和改善原油停输再启动。

1. 降凝机理

降凝剂分子可通过与石蜡的相互作用来影响原油中蜡晶的形成和生长，在宏观上起降低含蜡原油的凝点、改善其低温流动性。目前，已知的原油降凝剂与石蜡作用的机理与防蜡剂作用机理类似，主要有以下四种：

（1）成核理论

降凝剂分子在油品的浊点前析出，作为晶核诱导蜡晶发育，使油品中蜡晶增多、分散，不易形成体型结构，达到降凝目的。

（2）吸附作用理论

降凝剂在略低于原油析蜡点的温度下结晶析出，吸附在已析出的蜡晶上，扭曲晶型，改变蜡晶的表面特性，阻碍蜡晶生长形成体型结构。

（3）共晶作用理论

降凝剂与蜡晶共同析出，长烷基侧链与蜡共晶，极性基团则阻碍蜡晶进一步长大。

（4）增溶作用理论

降凝剂具有一定表面活性，可增加石蜡在原油中的溶解度，使析蜡量减少，同时增加蜡的分散度，不利于蜡晶聚集形成体型结构。

由于原油中石蜡和所加入的降凝剂分子结构类型多样且相对分子质量分布范围相当宽，同时，石蜡晶体成核和生长是连续过程，故上述作用均可能发生。

2. 降凝剂

目前，降凝剂品种较多，主要是含乙烯单元衍生物的均聚或共聚物：

① EVA，$[CH_2CH_2]_m[CH_2CH(OCOCH_3)]_n$。一般相对分子质量为 $(1\sim2.8)\times10^4$、酯含量为 25%～45% 的 EVA 都有降凝作用。

② 聚乙烯类（PE），直链 PE（两条支链，1000 个碳原子，相对分子质量为 $10^4\sim10^6$）降

凝效果好。

③ 丙烯酸酯类聚合物及其共聚物，结构式为 $[CH_2CH(COOR)]_n$，其中 R 为 $C_{14\sim30}$。

④ 马来酸酐/酯/酰胺类聚合物及其共聚物。

⑤ 其他降凝剂：聚环氧酯、乙烯—顺丁烯二酸高碳酯共聚物、高级脂肪酸乙烯酯等。

二、化学降黏

稠油的胶质、沥青质分子含有可形成氢键的羟基、巯基(—SH)、氨基、羧基、羰基等，故胶质分子之间、沥青质分子间及二者间有强烈的氢键作用，进而形成网状结构，导致原油的黏度较高。

一般而言，加入降凝剂时黏度会有一定的降低，这主要是由于降凝剂使得石蜡体型结构被抑制，由石蜡引起的结构黏度降低。而专门性的降黏剂是通过分子借助其形成氢键能力较强及其渗透、分散能力较强，进入胶质、沥青质片状分子间，拆散其内部结构，降低原油黏度，主要有聚乙烯类聚合物，如乙烯、醋酸乙酯共聚物、马来酸酯的聚合物等。

三、减阻输送

原油在管道运输过程中，随着管道摩阻的增加，原油层流部分逐渐减少，紊流逐渐增加，而紊流状态下，大量的能量被消耗在涡流和其他随机运动中，原油的内摩擦使得动能转化为热能，导致管输能量大量被消耗，流体的压力损失也迅速增加。加入长链梳状聚合物(减阻剂)可抑制紊流的发生，其分子链顺流向自然拉伸，当受到剪切力作用产生紊流倾向时，减阻剂分子在流体作用下卷曲、变形，将能量储存，一旦剪切力消失，减阻剂分子恢复拉伸状态，释放能量，从而减少流体的涡流和其他随机运动，降低摩阻损失。

第三节　集输系统的腐蚀与防腐

油气田生产过程中大部分管道的材质属于金属，管道金属材料长期与气、液相接触，包括土壤中的矿物质，使得金属材料的表面发生化学和电化学反应而被破坏，这种现象称为金属腐蚀。严重的腐蚀会造成穿孔，导致油气的泡、冒、滴、漏，不但造成直接经济损失，还会引起爆炸、起火、污染环境等严重安全事故。为了减少设备因腐蚀而发生损坏的情况，同时减少腐蚀产生的金属离子进入地层，造成地层损害或影响工作液使用，需要有效的防护方法。

一、埋地管道的腐蚀

埋设在地下的管道之所以易被腐蚀是因为土壤是一种非常复杂的体系。埋地管道的腐蚀是与土壤接触产生的，因此，要了解和控制埋地管道的腐蚀特点及原因，应先了解土壤。

1. 土壤

土壤是由无机矿物质、有机物质、水和空气组成的，无机矿物质来源于风化的岩石，因此土壤的颗粒结构实际上由风化的岩石构成，所以土壤有一定的孔隙度和渗透性。有机物质是动、植物残体在化学和微生物作用下形成的，主要成分是腐殖酸。水和空气均存在于土壤的孔隙中，并且水有一定的流动性，而空气与大气相通。因此土壤有以下特点：

① 多相性，土壤中存在固相颗粒（无机矿物质、有机矿物质）、水和空气，而固相颗粒大小也不相同，其中包括砂砾石、粉砂石和黏土等，所以土壤若从相组成上分析是多相体系，其由固相、液相和气相组成，其中固相为粒度不同的矿物颗粒和分解程度不同的有机质，液相为土壤水，气相为空气。

② 不均匀性，土壤的性质和结构具有极大的不均匀性，因此埋在地里的管道被腐蚀的情况差异很大。

③ 导电性，土壤水溶解了各种可溶性无机盐、有机盐，使土壤具有一定的导电性。土壤的导电性随土壤的颗粒大小而变化。土壤的颗粒大，渗透性强，土壤中的水容易流失，则导电性差；土壤的颗粒小，渗透性弱，土壤能保持水分，则导电性好。

④ 含氧量，空气中氧气渗透到有一定渗透性的地层中，使土壤具有一定的含氧量，渗透性越好，含氧量越高。

2. 土壤腐蚀

以土壤作为腐蚀介质的腐蚀称为土壤腐蚀。土壤腐蚀主要与土壤水的性质相关。

（1）土壤水中含氧时产生的腐蚀

若土壤水中含氧，则埋地管道中不均匀部分的微电池可通过下面的电极反应和电池反应，在阳极部分产生腐蚀：

阳极反应：

$$2Fe \longrightarrow 2Fe^{2+}+4e$$

阴极反应：

$$O_2+2H_2O+4e \longrightarrow 4OH^-$$

电池反应：

$$2Fe+O_2+2H_2O \longrightarrow 2Fe^{2+}+4OH$$

（2）土壤水含酸性气体时产生的腐蚀

若土壤水中含硫化氢和二氧化碳，则它们可在水中解离出 H^+：

$$H_2S \longrightarrow H^++HS^-$$

$$CO_2+H_2O \longrightarrow H^++HCO_3^-$$

水中的 H^+ 可使埋地管道中不均匀部分的微电池通过下面的电极反应和电池反应，在阳极部分产生腐蚀：

阳极反应：

$$Fe \longrightarrow Fe^{2+}+2e$$

阴极反应：

$$2H^++2e \longrightarrow H_2 \uparrow$$

电池反应：

$$Fe+2H^+ \longrightarrow Fe^{2+}+H_2 \uparrow$$

3. 土壤中由细菌产生的腐蚀

若土壤水中有硫酸盐还原菌，这是厌氧菌，它可将硫酸盐还原为硫化物，若土壤水中有铁细菌，这是喜氧菌，它可将 Fe^{2+} 氧化为 Fe^{3+}，进而还要进一步反应产生各种固体腐蚀产物。

此外，土壤腐蚀还与土壤的孔隙度、渗透率和水、气的饱和度密切相关。与埋地管道接触的土壤存在上述因素的差别时，可产生浓差腐蚀。这时，孔隙度小、渗透率低和（或）含气饱和度低的土壤处为阳极，产生阳极反应；而孔隙度大、渗透率高和（或）含气饱和度高的土壤处为阴极，产生阴极反应。因此浓差腐蚀是埋地管道的土壤腐蚀中一种重要的腐蚀形式。

按土壤的电阻率不同，土壤腐蚀性可分为 3 级，即强腐蚀性、中腐蚀性和弱腐蚀性，一般土壤电阻率越低，土壤的腐蚀性就越严重。

二、储油罐的腐蚀

储油罐的设计寿命一般为 30 年，但由于其储存的油品中往往含有少量的水，水中溶解大量有机酸、无机盐及硫化物等，使储油罐遭到腐蚀而缩短使用寿命。严重者 1 年左右就报废了。

1. 储油罐腐蚀的类型

根据其作用原理不同，储油罐的腐蚀主要有以下几类：

（1）化学腐蚀

是指油罐本体与所储存的介质或油罐外壁与周围环境发生化学作用而引起的油罐损坏，腐蚀过程中没有电流产生，一般腐蚀较轻。

（2）电化学腐蚀

在腐蚀过程中有电流产生，是储油罐最严重的腐蚀，主要发生在罐底和罐壁部位。主要原因是储油罐所储存的油品中含有水、氯化物、硫化物及无机盐、有机酸等。

（3）细菌腐蚀

硫酸盐还原菌在没有氧的条件下，可在金属表面的水膜里，利用溶液中的硫酸盐进行繁殖，硫酸盐在细菌的作用下被还原成硫化物，反应所需的氢来自油品本身或者来自其他腐蚀过程中的产物。

2. 储油罐腐蚀分析

通过对大部分储油罐的腐蚀调查，腐蚀情况分为几个方面：

① 储油罐的罐底腐蚀情况严重，大部分为坑点腐蚀，直至穿孔。主要发生在焊缝区、凹陷及变形处。

罐底腐蚀主要是由于油品中所含的少量水分，在油品储存过程中沉降于罐底所造成的，这些水中含有盐、酸、硫化物、溶解氧、氢等离子，腐蚀使罐底板产生斑点、蚀坑、甚至穿孔。另外，罐底的无氧条件很适合硫酸盐还原菌的生长，可引起严重的针状或丝状的细菌腐蚀。罐底水溶液中氢原子不断被硫酸盐还原菌代谢反应所消耗，造成罐底板表面电化学腐蚀过程中的阴极反应不断进行下去，这就促进了罐底板表面的阳极反应，从而加速了罐底板的腐蚀。

② 与油品接触的罐壁板的绝大部分腐蚀较轻，一般为均匀腐蚀，但在油水交界处腐蚀较严重，最严重的发生在油气交接处，罐顶气相部位腐蚀相对较轻。储油罐内壁的腐蚀发生在罐壁油气交接处和油水交接处，主要是由于氧的浓差电池引起的，氧浓度高的部位为阴极，氧浓度低的部位为阳极。

③ 储油罐底部外侧腐蚀主要有罐底与基础接触面的腐蚀，腐蚀主要有氧浓差电池腐蚀、杂散电流腐蚀、土壤腐蚀等。

④ 储油罐底板外侧直接和沥青砂接触，接触程度不同，造成罐底板外侧各部位氧气的浓度不同，从而产生氧浓差电池，含氧较大区的金属电极电位低，构成电极的阳极而在罐底板外侧产生腐蚀。

三、金属的防腐方法

1. 覆盖层防腐法

是指在金属表面覆盖保护层，使金属制品与周围腐蚀介质隔离，从而防止腐蚀。

保护层有在钢铁制件表面涂上机油、凡士林、油漆或覆盖搪瓷、塑料等耐腐蚀的非金属材料；用电镀、热镀、喷镀等方法，在钢铁表面镀上一层不易被腐蚀的金属，如锌、锡、铬、镍等，这些金属常因氧化而形成一层致密的氧化物薄膜，从而阻止水和空气等对钢铁的腐蚀。

2. 化学药剂防腐法

是指在腐蚀介质中加入缓蚀剂，减缓或阻止金属腐蚀。缓蚀剂是指用于腐蚀介质中抑制金属腐蚀的化学添加剂。使用缓蚀剂的优点是不改变腐蚀环境就可以达到防腐的效果，也不增加设备投资，操作简便，见效快。

缓蚀剂可分为无机缓蚀剂和有机缓蚀剂，无机缓蚀剂的缓蚀机理是形成钝化膜或沉淀膜以减缓或阻止金属表面的腐蚀；有机缓蚀剂的缓蚀机理是在金属表面上形成物理吸附或化学吸附，具体是缓蚀剂分子的亲水基团吸附在金属表面上，而疏水基团在水溶液中形成一层斥水的屏障覆盖在金属表面，保护金属表面。

3. 电化学防腐法

电化学防腐法利用原电池原理进行金属的保护。电化学防腐法分为阳极保护法和阴极保护法两大类，在油气田基本不用阳极保护法，而用阴极保护法。

阴极保护法是将被保护的金属作为腐蚀电池的阴极，使其不受到腐蚀。阴极保护法又分为牺牲阳极的阴极保护法和外加电流的阴极保护法。

（1）牺牲阳极的阴极保护法

将活泼金属（牺牲阳极）连接在被保护的金属上，当发生电化学腐蚀时，这种活泼金属作为负极发生氧化反应，因而减小或防止被保护金属的腐蚀。牺牲阳极材料一般是锌、锌的合金等。

（2）外加电流的阴极保护法

将被保护的金属和电源的负极连接，另选一块能导电的惰性材料（辅助阳极）接电源正极，通电后，使金属表面产生负电荷（电子）的聚积，因而抑制金属失电子而达到保护目的。

四、埋地管道的防腐方法

减少埋地钢质管道在土壤中的腐蚀一般采用覆盖层防腐法和阴极保护法。

1. 覆盖层防腐法

埋地管道所用材料也属金属制品，与金属的防腐方法相似，为使金属表面与腐蚀介质隔开而覆盖在金属表面上的保护层称为覆盖层，用覆盖层抑制金属腐蚀的方法称为覆盖层防腐法，抑制金属腐蚀的覆盖层又称为防腐层。一种好的防腐层应满足热稳定、化学稳定、生物稳定、机械强度高、电阻率高、渗透性低等条件。

在防腐层的结构中，涂料是重要的组成部分，涂料是指能在表面结成坚韧保护膜的物料（俗称漆）。埋地管道主要用到石油沥青涂料、煤焦油沥青涂料、聚乙烯涂料、环氧树脂涂料和聚氨酯涂料。在这些涂料中，有些是通过熔融后冷却产生坚韧保护膜（如石油沥青涂料、煤焦油沥青涂料、聚乙烯涂料等），有些则是通过化学反应产生坚韧保护膜（如环氧树脂涂料、聚氨酯涂料等）。

在防腐层的结构中，除涂料外，还有底漆（或底胶）、中层漆、面漆、内缠带和外缠带等视情况需要而使用的组成部分。由于各种防腐层各有它们的优点，所以可通过防腐层的复合形成使用性能更好的防腐层。代表这一发展趋势的是一种三层型的复合防腐层。

这种防腐层中，底层为环氧树脂，它有很好的防腐性、黏结性与热稳定性；中层为各种含乙烯基单体的共聚物如乙烯与乙酸乙烯酯共聚物、乙烯与丙烯酸乙酯共聚物和乙烯与顺丁烯二酸甲酯共聚物等，这些共聚物有与底层结合的极性基团，也有与外层结合的非极性基团，因此有很强的黏结作用；外层为高密度的聚乙烯，有很好的机械强度。若用聚丙烯代替聚乙烯做外层，则防腐层可用于93℃高温。

这种三层型复合防腐层的主要缺点是成本高，在使用范围上受到限制。

2. 阴极保护法

覆盖层防腐法是防止埋地管道腐蚀的重要方法，但它必须与阴极保护法联合使用才能有效控制埋地管道的腐蚀，因为在涂敷过程中防腐层不可避免地会出现漏涂点，在使用期间防腐层在各种因素作用下，会产生剥离、穿孔、开裂等现象，这时阴极保护法是覆盖层防腐法的补充防腐法。

阴极保护的方法有两种，即外加电流法和牺牲阳极法。

（1）外加电流的阴极保护法

在腐蚀电池中，阳极是被腐蚀的电极，而阴极是不被腐蚀的电极。

若将直流电源的负极接在需保护的金属（埋地管道）上，将正极接在辅助电极（如高硅铸铁）上，形成如图6-1所示的回路，然后加上电压，使被保护金属整体（包括其中大量由于金属的不均匀或所处条件不相同而产生的微电池）变成阴极，产生保护电流。保护电流发生后，在电极表面发生电极反应：在阳极表面发生阳极反应（氧化反应）；在阴极

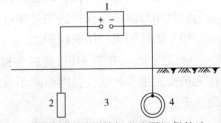

图6-1　埋地管道的外加电流阴极保护法
1—直流电源（恒电位仪）；2—辅助阳极；
3—土壤；4—被保护金属（埋地管道）

表面发生阴极反应(还原反应)。由于被保护金属与直流电源的负极相连,它发生的是阴极反应,因此得到保护。

这种将被保护金属与直流电源的负极相连,由外加电流提供保护电流,从而降低腐蚀速率的方法称为外加电流的阴极保护法。

阴极保护法需测定被保护金属的自然电位和保护电位。这两种电位都是需要将被保护金属与参比电极相连测出的。

参比电极是一种具有稳定的可重现电位的基准电极。常用的参比电极为铜/饱和硫酸铜电极(简称硫酸铜电极,Copper Sulfate Electrode,CSE)。如图6-2所示是一种铜/饱和硫酸铜参比电极的结构。

将被保护金属与插于土壤中的硫酸铜参比电极相连(图6-3),则测得的电位为被保护金属的自然电位。埋地钢质管道的自然电位在中等腐蚀性的土壤中约为-0.55V(相对于CSE)。

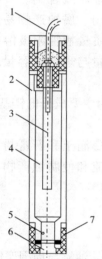

图6-2 一种铜/饱和硫酸铜参比电极的结构

1—导线;2—护套;3—铜电极;4—饱和硫酸铜溶液;
5—硫酸铜;6—微孔材料;7—压紧盖

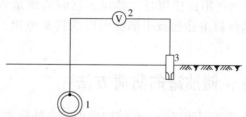

图6-3 被保护金属自然电位的测定

1—被保护金属(埋地管道);2—高阻
电位计;3—硫酸铜参比电极

若在如图6-1所示回路中,用外加电流法对金属进行阴极保护,即回路中产生了保护电流,在这种情况下再将被保护金属与插于土壤中的硫酸铜参比电极相连(图6-4),测得的电位则为被保护金属的保护电位。在有效的阴极保护中,保护电位一般控制在-0.85~-1.20 V(相对于CSE)范围。保护电位之所以对自然电位负移,是由于阴极反应受阻。在阴极表面发生的反应为还原反应。还原反应需要与阴极表面相接触的水中有接受电子的离子(如H^+)。这些离子的扩散、反应以及反应产物离开阴极表面的速率低于电子在金属导体中的移动速率,造成电子在阴极表面的积累。在这种情况下测得的电位(保护电位)必然比自然电位更负些。

(2)牺牲阳极的阴极保护法

将被保护金属和一种可以提供阴极保护电流的金属或合金(即牺牲阳极)相连,使被保护金属腐蚀速率降低的方法称为牺牲阳极的阴极保护法。如图6-5所示为牺牲阳极的阴极保护系统和监测系统。牺牲阳极的阴极保护法简单易行、不需电源、不用专人管理,只消耗少量的金属材料。

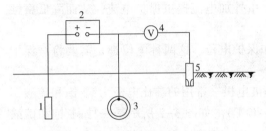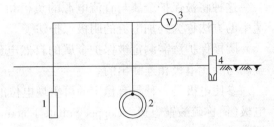

图 6-4 被保护金属保护电位的测定
1—辅助阳极;2—直流电源;3—被保护金属;
4—高阻电位计;5—硫酸铜参比电极

图 6-5 牺牲阳极的阴极保护系统和监测系统
1—牺牲阳极;2—被保护金属;
3—高阻电位计;4—硫酸铜参比电极

可作为牺牲阳极的物质是电位比被保护金属还要负的金属或合金。一种好的牺牲阳极应满足电位足够负、电容量大、电流效率高、溶解均匀、腐蚀产物易脱落、制造简单、来源广、成本低等要求。这里讲的电容量是指单位质量牺牲阳极溶解所能提供保护电流的电量,而电流效率则是指牺牲阳极的实际电容量与理论电容量的比值,以百分数表示。

重要的牺牲阳极均为合金,可用两类合金:一类是以镁为主要成分的镁基合金;另一类是以锌为主要成分的锌基合金。

在牺牲阳极使用时,必须在它的周围加入由硫酸钠、膨润土和石膏粉组成的填包料。填包料主要起减小牺牲阳极的接地电阻,增加输出电流和使腐蚀产物易于脱落的作用。

五、储油罐的防腐方法

① 覆盖层防腐法。在储油罐内壁、外壁覆盖保护层,使储油罐与周围腐蚀介质隔离,从而防止腐蚀。由于预先涂刷在钢板上的涂层会受到搭焊时的局部烧伤和老化等,因此,还必须用阴极保护法弥补保护层防腐法的不足。

② 若储油罐底部面积较小,采用牺牲阳极保护法。即将活泼金属(牺牲阳极)连接在被保护的储油罐上,当发生电化学腐蚀时,活泼金属作为负极发生氧化反应,因而减小或防止储油罐的腐蚀。

③ 若储油罐底部面积较大,采用外加电流的阴极保护法。将被保护的储油罐和电源的负极连接,另选辅助阳极接电源正极,通电后,辅助阳极发生氧化反应,储油罐被保护,如图6-6所示。

目前国内储油罐的防腐基本上采用的是阴极保护法,保护周期在 30 年以上。工业发达国家特别关注储油罐的阴极保护,英国储油罐防护规范规定:在侵蚀性环境中的储油罐阴极保

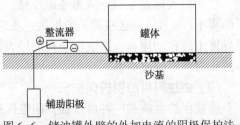

图 6-6 储油罐外壁的外加电流的阴极保护法

护是储油罐底部涂层保护的补充；美国规范规定：新罐应从一开始设计就要考虑涂层和阴极保护，带涂层的储油罐应加阴极保护。在防腐层缺陷等处的暴露金属表面上进行集中的阴极保护是最佳的、经济的保护形式。

第四节　天然气处理

天然气是从地层中采出的可燃气体，主要包括饱和烃气体(如甲烷、乙烷、丙烷、丁烷等)，并含有少量非烃类气体(如二氧化碳、硫化氢、硫醇等)。天然气作为一种重要的油气资源，需要进行一系列的处理才能加以开发利用。

一、天然气的组成及分类

天然气是埋在地下的一种以饱和烃为主要成分的可燃气体混合物，据来源不同，天然气分为伴生气和非伴生气。伴生气是指伴随原油共生，与原油同时被采出的油田气；非伴生气包括纯气田天然气、凝析气田天然气，纯气田天然气产于纯气田，而凝析气田天然气从地层流出井口后，随着压力和温度下降，分离为气液两相，气相是凝析气田天然气，液相是凝析液，叫凝析油。根据天然气蕴藏状态不同，天然气又可分为构造性天然气、水溶性天然气和煤矿天然气三种。而构造性天然气又可分为伴随原油出产的湿性天然气和不含液体成分的干性天然气。

对已开采的世界各地区的天然气分析发现，不同地区、不同类型的天然气，所含的组分是不同的，经过统计分析，各类天然气包含的组分有 100 多种，主要组分包括烃类、硫化物和二氧化碳等。

① 烃类：$C_1 \sim C_4$ 的烷烃，以甲烷为主，其次是乙烷、丙烷、丁烷，甲烷占 70% ~90%，10%以下是不饱和烃。

② 硫化物：无机硫化物(H_2S)、有机硫化物(二硫化碳 CS_2、硫醇 RSH、硫醚 RS)。无机硫化物就只有 H_2S，是一种酸性气体，当有水存在时会形成氢硫酸，在输送过程中对管道有腐蚀作用。H_2S 含量不超过 1.5%，而有机硫化物含量极少。

③ 其他组分：CO_2、CO、N_2、He、Ar 及 H_2O 等气体，其含量不超过 10%。其中 CO_2、N_2 为主，H_2、He、Ar 占其他组分的 10%以下。

天然气中一般有水蒸气，其含量随开采油田(气田)的具体情况而定。

由于从地下开采出的天然气温度会下降，因此水蒸气会冷凝而析出水，这不但会影响采输还会与 H_2S、CO_2 形成酸，对管道及输送设备产生腐蚀作用。

从上面的分析可知，在天然气输送之前应对天然气进行处理，即除去天然气中的水蒸气(水分)及酸性气体(CO_2、H_2S)，否则会影响采输。

二、天然气的性质

天然气蕴藏在地下多孔隙岩层中，相对密度约 0.65，比空气轻，具有无色、无味、无

毒的特性。天然气在空气中含量达到一定程度后会使人窒息。

若天然气在空气中浓度为5%~15%，则遇明火可发生爆炸，这个浓度范围即为天然气的爆炸极限。爆炸在瞬间产生高压、高温，其破坏力和危险性都很大。

三、天然气的处理

天然气中含有一定量的水蒸气，水蒸气冷凝后与 H_2S、CO_2 等酸性气体形成酸性溶液，对输送管道产生严重腐蚀。在一定条件下，天然气与水生成水合物堵塞管道；在低温时，水蒸气结冰也会堵塞管道，如北方的冬天及低温分离天然气都会产生这样的情况。因此，必须对天然气进行脱水、脱酸性气体等处理。

1. 天然气脱水

天然气的含水量难以准确说明。天然气在地层中长期与水接触(水来源于注入水、边水和底水)，一部分天然气溶于水中，水蒸气也进入天然气之中，所以开采了的天然气均含有一定量的水分。

(1) 天然气的含水量

天然气的含水量就是指天然气中水汽的含量。含水量与压力、温度有关，通常表示天然气含水量的方法有三种：绝对湿度、相对湿度和水露点。

① 绝对湿度是指单位体积天然气中所含水蒸气的质量，单位为 $g \cdot m^{-3}$，用 E 表示。

② 相对湿度。相对湿度的定义需先定义饱和含量。

在一定的温度、压力条件下，当天然气的含水量达到某一最大值时，就不会再增加，这时，天然气中的水蒸气达到了饱和，即达到水汽平衡时，天然气的含水量就称为水蒸气的饱和含量。

饱和含量是指在一定温度、压力下，天然气与水达到相平衡时，单位体积天然气中所含水蒸气质量(即水汽饱和时的绝对湿度)，用 E_s 表示，单位为 $g \cdot m^{-3}$。

相对湿度是指相同温度、压力下，天然气的绝对湿度与饱和含量之比。

③ 水露点。在一定压力下，将天然气降温，天然气的含水量就可能由较高温度时的饱和含量变为某一较低温度时的饱和含量，此时天然气中开始凝析液态水，随着温度降低，天然气中的水汽会不断凝析出来，把刚析出水(露珠)时的温度称为水露点。

水露点是指在一定压力下，天然气为水汽饱和时的温度(即刚有一滴露珠出现时的温度)，不同油(气)田天然气的含水量不同，因此对应的水露点也会不同。一般天然气的含水量下降，水露点下降，在天然气的输送中，水露点必须比输气管道沿线环境低5~15℃，否则水汽会在输气管道凝析成液体。

(2) 天然气脱水法

天然气脱水常见的有三种方法，分别是降温法、吸附法和吸收法。

① 降温法　随天然气温度的降低和压力的升高，天然气中水蒸气饱和含量逐渐降低，因此可以采用降温的方法使得天然气中的水蒸气凝结、去除。天然气降温脱水的温度必须比管输天然气的水露点温度低5~7℃。

② 吸附法　指用吸附剂脱除天然气中水蒸气的方法。脱水的能力取决于吸附剂的选择。通常选用比表面积大、孔隙度高、对水有选择性、热稳定、化学稳定、有一定机械强度、易再生使用、成本低的固体作为吸附剂。

常用的吸附剂有活性氧化铝、硅胶和分子筛(指结晶态的硅酸盐或硅铝酸盐，由硅氧四面体或铝氧四面体通过氧桥键相连而形成分子尺寸大小，通常为 $0.3 \sim 2.0nm$ 的孔道和空腔体系，从而具有筛分分子的特性)，其中分子筛由于具有晶体多孔体的均一微孔结构，且微孔直径与水分子直径($0.288nm$)接近，同时分子筛具有极性，故其吸水能力优异。

经分子筛脱水后的天然气含水量可低达 $0.1 \sim 10g/m^3$。吸附过的吸附剂，可通过通入热天然气脱去吸附在表面的水，达到再生的目的。

③ 吸收法　指用吸收剂脱去天然气中水蒸气的方法。这个方法与吸附法不同，吸附法是利用固体对水蒸气具有吸附作用，而吸收法是利用水能溶解在某些液体(溶剂)中而除去水的方法。通常选用对水溶解度高、对天然气溶解度低、热稳定、化学稳定、黏度低、蒸气压低、起泡和乳化倾向小、无腐蚀性、易再生、成本低的溶剂作为吸收剂。

常用的吸收剂为甘醇，主要使用其中的二甘醇、三甘醇和四甘醇，这些吸收剂通过氢键与水结合，脱去天然气中的水，同时甘醇的沸点远比水高，可通过蒸馏和气提的方法将甘醇再生。

2. 天然气脱酸性气体

天然气中的酸性气体(CO_2、H_2S 等)的存在会使输送管道及设备的腐蚀加重，还会减少天然气的热值(单位体积天然气燃烧产生的发热量)，CO_2、H_2S 本身也是环境的污染物，在加工过程中 H_2S 会引起催化剂中毒。以四川达州地区气田为例，该地区天然气田属含硫甚至高含硫气田，90%以上天然气都含硫化氢，有的气井硫化氢含量高达 17%以上，其中罗家寨、渡口河、铁山坡气田硫化氢含量为 $9.5\% \sim 17\%$，因此必须进行天然气脱酸性气体的处理。

在脱去天然气中硫化氢和二氧化碳的同时，其他硫化物(如二硫化碳、硫氧化碳、硫醇等)也被脱除。

天然气脱除酸性气体主要通过吸附和吸收实现。

(1) 吸附法

利用吸附剂脱除酸性气体，可用到下列两类吸附剂：

① 化学吸附剂　利用与酸性气体的反应吸收酸性气体，现场常用的化学吸附剂是海绵铁，其化学成分为氧化铁(Fe_2O_3)，它对硫化氢有特殊的选择性，当硫化氢在其上吸附时，发生化学反应，生成硫化铁(Fe_2S_3)和水。吸附后，可通过通入氧气的方法，使其再生。

海绵铁虽然可与二氧化碳反应，但反应不彻底，不能脱除二氧化碳。除海绵铁外，还可用氧化锌、氧化钙作为化学吸附剂，但这些化学吸附剂无法再生。

② 物理吸附剂　通过物理吸附的方式脱除酸性气体，现场主要使用的物理吸附剂是分子筛，由于需吸附酸性气体，故分子筛需要具有耐酸性。分子筛的耐酸性与其组成中硅铝比密切相关，即分子筛中二氧化硅和三氧化二铝的物质的量之比，通常为 $2.0 \sim 2.5$，而耐酸的分子筛硅铝比为 $4 \sim 10$。

吸附了酸性气体的分子筛，可用热天然气使其再生。除此之外，还可使用活性炭和硅胶作为物理吸附剂。

（2）吸收法

吸收剂也可分为化学吸收剂和物理吸收剂两类。

① 化学吸收剂　一乙醇胺是现场常用的化学吸收剂，它可在低温（25～40℃）下将酸性气体吸收除去。吸收酸性气体后，可通过升温（高于150℃）和气提的方法，脱除其中的酸性气体，再生使用。

类似一乙醇胺的化学吸附剂，还有二乙醇胺（DEA）、甲基二乙醇胺（MDEA）、三异丙醇胺（DIPA）、三乙醇胺（TEA）。用醇胺吸收酸性气体的方法称为醇胺法，醇胺一般配制成10%～30%（质量分数）浓度的水溶液。

氢氧化钠水溶液也吸收酸性气体，但无法再生。

② 物理吸收剂　可用的吸收剂有环丁砜、碳酸丙二醇酯和三乙酸甘油酯等，其利用溶解酸性气体的方法，除去酸性气体，然后可通过加热汽提的方法再生。

目前，在天然气的开发过程中，特别是对高含硫气田的开发，主要采用世界上最先进的自动控制技术对天然气进行脱硫、硫黄回收及尾气处理，硫黄回收率可达到99.8%以上，硫黄纯度可达99.99%。

四、天然气水合物生成的抑制

由于天然气中含有水，因此，在一定条件下（如低温、低压下）天然气与水会形成水合物，从而堵塞管道。

1. 天然气水合物组成性质

天然气水合物是由甲烷、乙烷、丙烷、异丁烷、正丁烷及氮气、二氧化碳、硫化氢等分子在一定温度、压力条件下，与游离水结合形成的结晶笼状固体。其中水分子（主体分子）借助氢键形成主体结晶网格，晶格中的孔穴充满轻烃或非轻烃分子（客体分子），主体分子和客体分子间以范德华力形成稳定性不同的水合物，其稳定性与结构、客体分子大小、种类及外界条件等因素有关。这种多面体"笼子"状的晶体结构水合物有三种：H型结构水合物、I型结构水合物和II型结构水合物。这三种结构水合物由三种基本结构发展而来，三种基本结构为：5^{12}、$5^{12}6^2$、$5^{12}6^4$，5^{12}表示由12个五边形构成的"笼子"，$5^{12}6^2$表示由12个五边形和2个六边形构成的"笼子"，$5^{12}6^4$表示由12个五边形和4个六边形构成的"笼子"（图6-7）。天然气水合物就是由这些"笼子"状的晶胞组成的微晶长大聚结沉积形成的。

水和天然气一般不会形成天然气水合物，只有在较低的温度、足够高的压力下才能形成。目前比较公认的形成天然气水合物的温度压力条件是：温度为2.5～25.0℃，若C_{2+}重烃和非烃类杂质含量增加，则温度范围可拓宽；压力一般为5～40 MPa。已发现的天然气水合物的微观结构有3种，即I型、II型和H型结构。石油天然气工艺中的天然气水合物一般为I型、II型。在寒冷地带天然气的输送过程中水和天然气容易形成天然气水合物而堵塞输送管道。

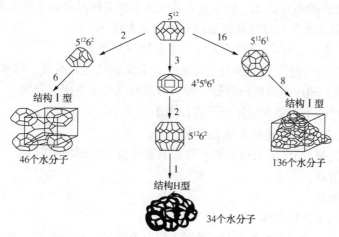

图 6-7　3 种天然气水合物晶体结构和相应的笼

注：图中 $5^{12}6^2$ 表示由 12 个五边形和 2 个六边形组成晶格

2. 天然气水合物形成机理及影响因素

（1）天然气水合物形成机理

天然气水合物形成过程类似于盐类的结晶过程，但与一般盐类结晶是溶质以晶体形式从母液中析出不同，而是由于冷度或过饱和度引起的亚稳态结晶，包括水合物成核和生长两个阶段。

水合物成核过程是指晶核形成并生长到具有临界尺寸和稳定水合物晶核的过程；生长过程是指已形成的稳定晶核生长到固态水合物晶体的过程。在实现结晶成核大量出现并形成水合物的快速生长之前有相当长一段时间，系统的宏观特征不会发生大的变化，这一现象称为诱导现象，可用诱导时间来描述。

目前为止，认为天然气水合物形成机理可分为：气体分子的溶解过程，即气体分子溶于水中；水合物骨架形成的过程，即气体分子的初始形成过程，溶解到水中的气体分子和水形成一种类似于冰的碎片的天然气水合物基本骨架，这种骨架通过结合形成另一种不同大小的空腔；气体分子的扩散过程，即气体分子扩散到水合物基本骨架中的过程；气体分子被吸附的过程，即天然气气体分子在水合物骨架中进行有选择性的吸附，从而使水合物晶体增长的过程。

（2）天然气水合物影响因素

天然气水合物的生成条件属于热力学相态研究范畴，它可通过实验测定，也可通过模型估计。研究表明，生成天然气水合物需要一定的温度和压力条件，有学者指出，只有当系统中气体组分的压力大于其水合物的分解压力时，含饱和水蒸气的气体才有可能自发生成水合物。

而对于温度而言，每种密度的天然气，在每个压力下都有一个相对应的水合物生成温度。对于密度相同的天然气，压力越高，可生成水合物的温度上限越高；压力相同时，天然气相对密度越高，水合物的生成温度越高；温度相同时，天然气相对密度越高，生成水合物的压力越低。此外，气体温度上升到一定程度后，无论多大的压力也不会生成水合物，这一温度称为水合物的临界温度。故生成天然气水合物必须具备以下四个条件：

① 气体必须处于水蒸气过饱和状态或有游离态水存在。

② 低温(通常小于 300 K)是形成天然气水合物的重要条件。

③ 高压也是形成天然气水合物的重要条件。组成相同的天然气，其水合物生成的温度随压力升高而升高，随压力降低而降低，即压力越高越易于生成水合物。

④ 合适的气体分子，要求气体分子直径大于 0.35 nm 小于 0.9 nm。

而以下因素会加速天然气水合物的形成：

① 高的气体流速(当气流通过油管、节流装置等流速急剧增大时)。

② 压力发生波动。

③ 气水接触面积大。

④ 存在微小的水合物晶体"晶核"。

⑤ 硫化氢、二氧化碳等酸性气体的存在(相对天然气，它们更易于溶于水)。

影响天然气水合物生成的因素分为内因和外因，分别如下：

① 天然气组分(内因)。组分不同，形成水合物的温度和压力不同，特别是酸性气体，会使得天然气水合物易于形成。

② 搅拌速度(外因)。搅拌速度越高，形成天然气水合物的温度越高(易于形成)。

③ 电解质(内因)。含电解质的水溶液，其水合物形成温度会降低。

④ 生产系统(外因)。气体产量、地温梯度、油管直径及系统密封性等。

3. 天然气水合物危害

天然气水合物形成后主要的危害有：

① 天然气水合物在地层多孔介质中形成，会堵塞油气井、降低油气藏的孔隙度和相对渗透率、改变油气藏的油气分布和地层流体流向井筒的渗流规律，降低油气井产量。

② 天然气水合物在井筒中形成，可能造成井筒的堵塞。

③ 天然气水合物在管道中形成，会堵塞管道，从而引起压力和流量计量的错误、减小天然气输量、增大管线压差甚至损坏管线。

4. 抑制天然气水合物生成的方法

根据天然气水合物的形成条件，可得到四种天然气水合物的防治方法：

(1) 降低管输压力

使其低于管输温度下的天然气水合物形成压力。降压法既可用于防止脱去水合物的生成，也能用于排出已经生成的天然气水合物。对于输气管线中已经形成的天然气水合物，其解决途径就是通过放空管放空。降压后必须经过一段时间(几秒到几小时)，以分解天然气水合物。需要注意的是，当放空降压来分解输气管道中已形成的天然气水合物时，必须在环境温度高于 0℃ 以上的条件下进行，否则，天然气水合物分解后产生的水又会转化为冰而堵塞管道。

(2) 提高管输温度

使其高于管输压力下的天然气水合物形成温度。在维持原来的压力状态下通过加热(保温)使天然气的流动温度高于天然气水合物的形成温度，从而防止其形成。对于高压气体可采用加热的方法，井场常用蒸汽逆流式套管换热器和水套加热炉在节流前加热天然气。

高温气体可采用保温的方式，通常是采用包裹绝热层或掩埋管道来降低管道的热量损失。

（3）对天然气水合物及凝析液进行脱水干燥处理

使天然气中水蒸气露点低于管输温度。脱除天然气中的水是防止水合物生成的根本途径。常用的天然气脱水方法主要有低温分离、固体干燥剂吸附、溶剂吸收、膜分离。目前用得较多的是三甘醇溶剂吸收法。

（4）化学抑制剂法

通过加入天然气水合物抑制剂抑制水合物的形成或生长聚集。目前国外大多采用化学抑制法，通过化学抑制剂的作用，改变天然气水合物形成的热力学条件、结晶速率或聚集形态，从而达到保持流体流动性的目的。

5. 天然气水合物抑制剂

现阶段我国天然气水合物抑制剂主要有热力学抑制剂、动力学抑制剂和防聚剂三类。

（1）热力学抑制剂

热力学抑制剂是利用抑制剂分子或离子增加与水分子的竞争力，改变水和烃分子间的热力学平衡，使得温度平衡条件、压力平衡条件处在实际操作条件之外，从而避免水合物的形成。热力学抑制剂主要包括醇类和盐类，如甲醇、乙二醇、异丙醇、氯化钙等。

热力学抑制剂虽然可以取得一定的效果，但在生产中具有用量大、储存和注入设备庞大、污染环境等缺点。

（2）动力学抑制剂

动力学抑制剂通过显著降低天然气水合物的成核速率、延缓乃至阻止临界晶核的生成、干扰水合物晶体的优先生长方向及影响水合物晶体定向稳定性等方式抑制水合物的生成。现阶段已开发出的动力学抑制剂有：N-乙烯基吡咯烷酮（PVP）、N-乙烯基己内酰胺及前两者与 N-二甲氨基异丁烯酸乙酯的三元共聚物。

动力学抑制剂较热力学抑制剂具有剂量低的优势，但在应用中还是存在抑制活性低、通用性差、易受外界条件影响等缺点，常与热力学抑制剂结合使用。

（3）防聚剂（AAS）

防聚剂是一些聚合物和表面活性剂，其特点是分子链含有大量的水溶性基团，并具有长的脂肪碳链。其作用机理是通过共晶或吸附作用，阻止天然气水合物晶核的生长或使水合物微粒保持分散而不聚集。表面活性剂则是通过降低质量转移常数，从而降低水和客体分子的接触机会来降低天然气水合物生成的速率。

其实际使用也存在一些缺陷，例如，分散性能有限，防聚剂与油气体系具有相互选择性等，从而导致防聚剂的使用具有局限性。

第五节　油气田污水处理

一、污水的来源与性质

油气田污水是指在石油及天然气的地质勘探、采集开发、储存运输等作业中产生和排放的污水，其中包括钻井污水、采油污水、采气污水等。由于来源不同，其性质不同，污水处理的方法也不相同。油气田污水的主要来源是采油、钻井的生产污水。

1. 油气田采出液污水

（1）采油污水

油气田的采油基本上是以注水开采为主，因为化学驱油剂实际上是各种化学剂的水溶液，因此注入水和地层水将随原油被带到地面上，这就产生大量的采油污水。

采油污水的特点：

① 水温高。一般污水的温度在50℃左右，有的油气田采油污水的温度高达70℃。

② 矿化度高。大部分采油污水都含有一定的盐分，其含量基本为 $10^2 \sim 10^6 \, mg \cdot L^{-1}$。

③ pH值为7左右，一般偏碱性（弱碱性）。

④ 污水中溶解了一定量气体，例如污水中溶解有 CO_2、H_2S 及烃类气体。

⑤ 污水中含有一定量的悬浮固体。悬浮固体主要是三种：一是泥砂，如黏土、细砂和粉砂等；二是腐蚀物及垢，如 Fe_2O_3、FeS、$CaCO_3$、细菌等；三是有机物，如胶质、沥青质和石蜡等。

⑥ 污水中还含有一定量的原油和破乳剂。

（2）采气污水

采气作业时随气体一起采出的地层水。其特点是氯离子含量高，还有一定量的硫。

2. 钻井污水

在钻井作业中，起下钻作业产生的污水、冲洗地面设备及钻井工具的污水、设备冷却水等为钻井污水。其特点是含有一定量的钻井液及钻井液处理剂，钻井液及钻井液处理剂的组成随钻井液材料不同而不同。

通过上面的分析，污水必须进行处理，达到标准后才能回注或排入江河。油气田污水的处理主要有六个方面：除油、除氧、除固体悬浮物、除垢、缓蚀、杀菌。

二、油气田污水的处理及方法

1. 污水的除油

油气田污水中一般还有一定量的油，油在水里有两种状态：一是大颗粒的油珠，漂浮在水上；二是小颗粒的油珠，被乳化分散在水中。大颗粒的油珠用物理方法除去，小颗粒的油珠必须用除油剂除去。

除油剂指能减少污水中含油量的物质，除油剂的作用是破坏油珠表面所吸附的表面活性剂产生的扩散双电层吸附膜，使油珠之间聚结变成浮油，用物理方法除去。

除油剂有阳离子型聚合物和有分支结构的表面活性剂。

2. 污水的除氧

污水中溶解氧是引起金属腐蚀的重要因素，即溶解氧加快金属的腐蚀，就腐蚀而言，比 CO_2、H_2S 气体造成的危害更严重。即使 O_2 的浓度很低，也能导致金属的腐蚀，如吸氧腐蚀电池：

阳极 $\qquad\qquad\qquad 2Fe \longrightarrow 2Fe^{2+} + 4e^-$

阴极 $\qquad\qquad\qquad O_2 + 2H_2O + 4e^- \longrightarrow 4OH^-$

除氧的方法很多，最常用的是化学除氧法，即加入除氧剂除去 O_2 的方法。除氧剂是指能除去水中溶解氧的化学剂，一般是还原剂，其作用是将 O_2 还原成无腐蚀的产物。常见除氧剂为亚硫酸盐（$NaHSO_3$、Na_2SO_3、NH_4HSO_3）、甲醛、二氧化硫等。例如，甲醛的除氧反应为

$$2CH_2O+O_2\longrightarrow 2HCOOH$$

二氧化硫的除氧反应为

$$2SO_2+2H_2O+O_2\longrightarrow 2H_2SO_4$$

3. 污水中固体悬浮物的除去方法

固体悬浮物之所以不沉降，主要是因为这些固体主要为黏土颗粒，而黏土颗粒本来带负电，互相排斥不聚结沉降，为此加入絮凝剂，使悬浮物絮凝，从而聚结沉降。

絮凝剂是指使水中固体悬浮物形成絮凝物而下沉的物质。絮凝剂由混凝剂和助凝剂组成。絮凝剂的作用是中和固体颗粒表面的电性，使失去电性的颗粒聚结下沉。常用絮凝剂有以下几种。

（1）硫酸铝

常用的铝盐絮凝剂主要是硫酸铝或精制硫酸铝、明矾等，明矾的主要成分也是硫酸铝。通过铝盐在水中水解，形成氢氧化铝絮状胶体，利用其絮状胶体的吸附作用聚集固相颗粒或油珠，加速固相或油珠的沉淀或上浮。

铝盐在水中水解过程较复杂，在形成氢氧化铝絮状胶体前，有形成三价铝离子的过程，该过程要求水体 pH 值在 7 以上，若水的 pH 值较低，可加入氧化钙调节。

（2）聚合氯化铝

聚合氯化铝又称碱式氯化铝，代号 PAC，其化学式为 $[Al_2(OH)_n Cl_{6-n}]$，其中 n 可为 1～5 的整数，m 为 1～10 的整数。其中 OH 原子团数和铝原子数的比值对絮凝效果影响较大。一般用碱化度 B 表示，$B=\dfrac{[OH]}{3[Al]}\times 100\%$，要求聚合氯化铝的 B 值为 40%～60%。

聚合氯化铝絮凝效果优于硫酸铝，原因是：硫酸铝的絮凝过程包括了水解过程中的铝离子和水解产物氢氧化铝胶体的作用，而聚合氯化铝可直接供给相对分子质量较大且带正电荷数较高的聚合离子，且聚合氯化铝的相对分子质量较大，絮凝后形成的体积较大，更适于携带更多油珠上浮或固相颗粒下沉。

（3）铁盐

铁盐包括硫酸亚铁、硫酸铁及三氯化铁。油气田污水处理常用亚铁盐，其类似于铝盐在水中电离，产生氢氧化亚铁絮状胶体吸附油珠或固相颗粒，加速油珠或固相的上浮或沉淀。由于污水中一般不含或少含溶解氧，故只生成亚铁盐胶体。

（4）高分子絮凝剂

高分子絮凝剂一般都是线型高分子聚合物，将其溶解在水中能形成大量的线型高分子。高分子的凝聚作用与其所带基团、离解程度及相对分子质量有密切的关系，其作用机理为：带电基团中和乳化油滴的电荷；通过高分子的长链将细小颗粒或油珠吸附后缠在一起的架桥作用，阴离子和非离子型聚合物的絮凝机理即属于此类作用。如聚丙烯酸钠、聚乙烯吡啶盐、聚丙烯酰胺等。

（5）天然高分子絮凝剂

很多天然高分子物质(如树胶、淀粉、纤维素、蛋白质、藻类等)都有絮凝和助凝的作用，比较有效的有海藻酸钠、木刨花、榆树根和松树籽等。

常见的混凝剂是无机阳离子型聚合物(羟基铝、羟基铁和羟基锆)，常见的助凝剂是水溶性聚合物(有机非离子型、有机阴离子型)。

按目前所用的助凝剂及其在絮凝过程中所起的作用大致可分为两类：

（1）调节pH值

絮凝过程在一定的pH值范围内最有效，pH值过低可加入石灰等碱性助凝剂，pH值过高可加入硫酸等酸性助凝剂。

（2）加大矾花的粒度、相对密度及结实性

当污水结果自然除油后，悬浮物以泥沙为主，希望通过下沉去除时，可加入水玻璃助凝剂，通过硫酸作为活化剂，加酸6~8 h，待溶液变成乳白色，便可使用。

4. 污水的防垢和除垢

（1）垢的主要类型

油气田污水储存池、流经的部位(如油桶、管道、泵等)一旦条件合适污水会结垢，其危害有堵塞管道、造成局部腐蚀、阻碍传热等。垢的主要类型是：碳酸钙垢($CaCO_3$)、硫酸钙垢($BaSO_4$)和硫酸锶垢($SrSO_4$)(表6-1)。

表6-1 油气水常见的水垢类型及影响因素

名　称		化学式	结垢的主要因素
碳酸钙		$CaCO_3$	CO_2分压、温度、含盐量、pH值
硫酸钙		$CaSO_4 \cdot 2H_2O$	温度、压力、含盐量
		$CaSO_4$	
硫酸钡		$BaSO_4$	温度、含盐量
硫酸锶		$SrSO_4$	
铁化合物	碳酸亚铁	$FeCO_3$	腐蚀、溶解气体、pH值
	硫化亚铁	FeS	
	氢氧化亚铁	$Fe(OH)_2$	
	氢氧化铁	$Fe(OH)_3$	
	氧化铁	Fe_2O_3	

① 碳酸钙　碳酸钙是一种重要的成垢物质，它在水中的溶解度很低，其在水中处于溶解与沉淀的平衡状态：

$$Ca^{2+} + CO_3^{2-} \Longrightarrow CaCO_3$$

而水中的 CO_3^{2-} 要同时参与碳酸平衡和碳酸钙溶解平衡，故油气田水中碳酸钙的溶解平衡可以用下式表示为

$$CaCO_3 + CO_2 + H_2O \Longrightarrow Ca(HCO_3)_2$$

当反应达到平衡时，油气田水中溶解的碳酸钙、二氧化碳和碳酸氢钙量保持不变，这时不会在管道、用水设备和油井的岩隙中产生结垢现象，影响碳酸钙溶解平衡的因素如下：

　　a. 二氧化碳。当油气田水中二氧化碳含量低于碳酸钙溶解平衡所需含量时，反应向生成碳酸钙方向进行，出现碳酸钙沉淀，在管道、用水设备和岩隙中结垢；而当油气田水中二氧化碳含量高于碳酸钙溶解平衡所需含量时，反应向生成碳酸氢钙方向进行，原有的碳酸钙逐渐溶解。而水中二氧化碳的含量与水面上二氧化碳分压成正比，故在油气田水系统中发生压力下降的部位，造成气相中二氧化碳分压降低，二氧化碳从水中逸出，导致形成碳酸钙沉淀。

　　b. 温度。由于大多数盐类的溶解度都随温度的升高而增大，但碳酸钙、硫酸钙和硫酸锶等是反常溶解度的难溶盐类，在温度升高时其溶解度反而下降，即水温较高时会形成更多的碳酸钙垢。

　　c. pH 值。在低 pH 值范围内，水中只有 CO_2 和 H_2CO_3；在高 pH 值范围内只有 CO_3^{2-}；而 HCO_3^- 在中等 pH 值范围内占绝对优势，尤其在 pH = 8.34 时为最大。故 pH 值较高会加剧结垢，而 pH 值较低时，不易结垢。

　　d. 含盐量。在含有氯化钠或其他非碳酸钙盐类的油气田水中，当含盐量增加时，使得水中的离子浓度增加，由于离子间静电相互作用，使 Ca^{2+} 和 CO_3^{2-} 的活动性减弱，降低了 Ca^{2+} 和 CO_3^{2-} 在碳酸钙固体上的沉淀速度，而溶解速度不变，使得碳酸钙的溶解度增大，即为溶解的盐效应。若水中含 Ca^{2+} 或 CO_3^{2-} 时，会导致平衡反应向生成沉淀方向转移，降低碳酸钙的溶解度。

　　② 碳酸镁　碳酸镁是另一种形成水垢的物质，碳酸镁在水中的溶解性和碳酸钙相似。与碳酸钙相同，碳酸镁在水中的溶解度随水面上的二氧化碳分压的增大而增大，随温度的上升而减小。但是碳酸镁的溶解度大于碳酸钙，故对于大多数既含有碳酸镁同时又含有碳酸钙的水来说，任何导致碳酸钙和碳酸镁溶解度下降的条件出现时，会首先生成碳酸钙垢，除非影响溶解度减小的条件剧烈变化，否则碳酸镁垢未必会生成。

　　碳酸镁在水中易水解为氢氧化镁，而水解反应生成的氢氧化镁溶解度很小，同时其也是一种反常溶解度物质（溶解度随温度升高而降低）。故含有碳酸钙和碳酸镁的水，当温度上升到 82℃时，趋于生成碳酸钙垢；当温度超过 82℃时，开始生成氢氧化镁垢。

　　③ 硫酸钙　硫酸钙是油气田水另一种常见的固体沉淀物。硫酸钙通常直接在输水管道、锅炉和热交换器等设备的金属表面上沉积而形成水垢。硫酸钙晶体较碳酸钙小，导致其形成的垢更坚硬和致密。

　　当硫酸钙用酸处理时，并不像碳酸钙那样有气泡产生，常温下很难去除。硫酸钙一般有三种形态：带有两个结晶水的硫酸钙（石膏，$CaSO_4 \cdot 2H_2O$）、半水硫酸钙（半水石膏，$CaSO_4 \cdot 1/2H_2O$）和无水硫酸钙（硬石膏）。

　　影响硫酸钙溶解度的因素如下：

　　a. 温度。硫酸钙在水中的溶解度比碳酸钙大得多，例如，在 25℃蒸馏水中的溶解度是 2080mg $\cdot$ L^{-1}，比碳酸钙大几十倍。且硫酸钙在油气田水中的形态与温度有关，小于 40℃时基本为石膏，大于 40℃时可能出现无水石膏。随着温度上升，其溶解度逐渐下降，在较深和较热的井中，硫酸钙主要以无水石膏的形式存在。

　　b. 含盐量。含有氯化钠和氯化镁的水对硫酸钙的溶解度有明显影响。硫酸钙在水中的溶解度不仅与氯化钠的浓度有关，还与氯化镁的浓度有关。当水中只有氯化钠、其浓度在

2. 5mol·L^{-1}以下时，氯化钠浓度的增加会使得硫酸钙溶解度增大，但氯化钠浓度进一步增大，又会使得硫酸钙的溶解度减小。同时，当水中氯化钠浓度在 2. 5mol·L^{-1} 以下时，加入少量镁离子会使得硫酸钙溶解度增大，但氯化钠浓度大于 2. 5mol·L^{-1} 时，加入少量镁离子又会使得硫酸钙溶解度减小，当氯化钠浓度大于 4mol·L^{-1} 时，镁离子对硫酸钙溶解度没有影响。

c. 压力。硫酸钙溶解度随压力增大而增大。压力增大导致硫酸钙溶解度增大是物理原因，增大压力使得硫酸钙分子体积减小，然而要使分子体积发生较大的变化，需要大幅度增加压力。例如，无水石膏在 100℃和 0.1MPa 下，在蒸馏水中的溶解度为 0.075%（质量分数），当压力增到 10 MPa 时，溶解度约增至 0.09%。

④ 硫酸钡、硫酸锶 硫酸钡是油气田水中最难溶解的一种物质，在 25℃下，其在蒸馏水中的溶解度为 2.3mg·L^{-1}，碳酸钙为 53mg·L^{-1}。由于其溶解度极低，故水中只要存在钡离子和硫酸根离子，就会生成硫酸钡垢。影响其溶解度的因素如下：

a. 温度。硫酸钡的溶解度随温度升高而增大，但即使是在高温下，其溶解度依然很低，例如，在 25℃下，其在蒸馏水中的溶解度为 2.3mg·L^{-1}，当温度升至 95℃时，其溶解度为 3.9mg·L^{-1}。

b. 含盐量。硫酸钡的溶解度随水中含盐量的增加而增加，例如，在 25℃下，氯化钠浓度为 100mg·L^{-1} 时，硫酸钡的溶解度由 2.3mg·L^{-1} 增至 30mg·L^{-1}。

硫酸锶也是油气常见的水垢，其在 25℃蒸馏水中的溶解度为 114mg·L^{-1}，其影响因素与硫酸钡类似。通常在硫酸钡垢中约含有 15.9%的硫酸锶。

⑤ 铁沉积物 油气田水中铁化合物来自两个方面：一是水中溶解的铁离子；二是钢铁的腐蚀产物。油气田水的腐蚀通常是由溶解的二氧化碳、硫化氢和氧引起的，溶解气与地层水中溶解的铁离子反应也会生成铁化合物。每升地层水中铁含量通常为几毫克，很少达到 100mg·L^{-1}。水中含铁量高通常是由于腐蚀造成的，以任何形式形成的铁化合物，都可在金属表面沉积形成垢或以胶体形式悬浮在水中。含有氧化铁（Fe_2O_3）胶体的水呈红色，含有硫化亚铁胶体的水呈黑色。铁化合物的沉积和颗粒极易堵塞地层、油井和过滤器。

铁离子在水中有三价（Fe^{3+}）和二价（Fe^{2+}）两种离子。水的 pH 值直接影响铁离子的溶解度，当水的 pH≤3.0 时，三价铁离子可大量的溶于水，一旦 pH≥3.0 时，三价铁离子会形成不溶性的氢氧化铁，水中不再有游离态的三价铁离子存在。水中二价铁离子的溶解度可由氢氧根离子浓度或碳酸氢根离子浓度来控制。当 pH＝8 时，二价铁离子在水中的理论浓度为 100mg·L^{-1}，当 pH ＝7 时，二价铁离子在水中的理论浓度可达 10000mg·L^{-1}。若水中含有二氧化碳，由于二价铁离子溶解度受碳酸氢铁溶解度的限制，故当水中重碳酸盐浓度为 25mg·L^{-1}、溶液 pH 值为 7~8 时，水中二价铁离子理论浓度为 1~10mg·L^{-1}。故含有铁离子的地层水可能会产生碳酸亚铁、硫化亚铁、氢氧化亚铁、氢氧化铁、氧化铁等沉积物，造成结垢。影响结垢趋势的因素有硫离子浓度、碳酸根离子浓度、溶解氧浓度及水的 pH 值。

此外，地层中存在的铁细菌可以在含氧量小于 0.5mg·L^{-1} 的系统中生长，会加剧腐蚀和结垢，其生长过程能将二价铁离子氧化为三价铁离子并形成氢氧化铁沉淀。铁细菌虽不直接参与腐蚀过程，但能造成腐蚀和结垢堵塞。

⑥ 硅沉积物　天然水中都含有一定量的硅酸化合物，通常是由于含有硅酸盐和铝硅酸盐的岩石遇水溶解而形成的。地下水的硅酸化合物含量一般要高于地面水中的含量。二氧化硅不能直接溶于水中的二氧化硅主要来自溶解的硅酸盐。水中二氧化硅存在的形式主要有悬浮硅、胶体硅、活性硅、溶解硅酸盐和聚硅酸盐等。过量的硅酸盐溶于水中，最终都将以无定形的二氧化硅析出，析出的二氧化硅以胶体粒子悬浮于水中，并不会形成硅垢沉积物，只有当水中含有钙、镁、铝、铁等金属离子时，才会形成坚硬的硅酸盐垢，二氧化硅在此起晶核的作用，促进硅酸盐垢的形成。

（2）控制油气田水结垢的方法

控制油气田水结垢的方法主要是通过控制油气田水的成垢离子或溶解气体，也可投加化学药剂以控制垢的形成过程。因为油气田水数量大且质量较差，所以选择阻垢剂时必须综合考虑使用方法、投资和经济效益。

① 控制 pH 值　降低水的 pH 值会增加铁化合物和碳酸盐垢的溶解度，而在 pH 值对硫酸盐垢溶解度的影响很小。然而，过低的 pH 值会使得水的腐蚀性增加而出现腐蚀问题。采用控制 pH 值来防止油气田水结垢的方法，必须做到精确控制 pH 值，否则会引起严重的腐蚀和结垢。由于油气田水数量大，做到精确控制 pH 值比较困难，故通过控制 pH 值来阻垢的方法，只有在改变很小的 pH 值就可明显阻垢的油气田水中才有实际意义。

② 去除溶解气体　油气田水中的溶解气（如氧、二氧化碳、硫化氢等）可生成不溶性的铁化合物、氧化物和硫化物。这些溶解气不仅是影响结构的因素，还是影响金属腐蚀的因素，采用物理或化学方法去除溶解气效率较高。

③ 防止不配伍的水混合　配伍性是指不同水混合后不会产生沉淀结垢的现象。各种单独使用可以稳定、不结垢的地层水混合在一起时，可能由于各水中溶解的离子反应形成不溶解的垢。在注水前，分析地层水和注入水所含离子的成分，进行敏感性实验，可防止由于水的不配伍而导致结垢现象。

（3）化学防垢及除垢法

油气田常用的化学防垢剂主要有：

① 无机磷酸盐，主要有磷酸三钠（Na_3PO_4）、焦磷酸四钠（$Na_4P_2O_7$）、三聚磷酸钠（$Na_3P_3O_{10}$）、十聚磷酸钠（$Na_{12}P_{10}O_{31}$）等。这类药剂成本低，防碳酸钙垢较有效；但该类药剂易生成正磷酸，可与钙离子反应生成不溶性的磷酸钙，其水解速度随温度升高而加快，故其使用温度不能高于80℃。

② 有机磷酸及其盐类，主要有氨基三甲叉磷酸（ATMP）、乙二胺四甲叉磷酸（EDTMP）、羟基乙叉二磷酸钠（HEDP）等。这类药剂不易水解，使用温度可达100℃以上，且加药量较低，有较好的防垢效果。

③ 聚合物，主要有聚丙烯酸钠（PAA）、聚丙烯酰胺（PAM）、聚马来酸酐（HPMA）等。其中 PAM 防止硫酸钙及硫酸钡垢比较有效。

④ 复配型复合物，将几种不同的单一防垢剂按一定比例混合，在保证其间无抵消作

用，且可发挥各自特点的都可配制成复合物使用。

化学防垢机理主要是以下几种：

① 分散作用。低相对分子质量的聚合物，一般有较高的电荷密度，可产生离子间排斥。共聚物还具有表面活性剂的特性，可将胶体颗粒包裹起来随水流携带走，胶体颗粒的核心也包括硫酸钙和碳酸钙等晶体，从而起防垢作用。

② 螯合和络合作用。防垢剂将能产生沉淀的金属离子变成可溶性的螯合离子或络合离子，从而抑制金属离子和阴离子(碳酸根、硫酸根等)结合产生沉淀，典型的有 ATMP 和 EDTA (乙二胺四乙酸)。

③ 絮凝作用。将水中含有的碳酸钙及硫酸钙晶体的胶体颗粒吸附在高分子聚合物的链条上结成矾花悬浮在水中，起阻垢作用，典型的有 PAM 和聚丙烯酸钠。

④ 晶体变形作用。在形成晶体垢的过程中，有高分子聚合物进入晶体结构，破坏晶体正常生长、发生畸变，使得晶体不再增大，从而阻止或减轻结垢。

化学除垢法通常有三种：一是对于水溶性或酸溶性水垢，可直接用淡水或酸液进行处理；二是用垢转化剂处理，将垢转化为可溶于酸的物质，再以无机酸处理；三是用除垢剂直接将垢转化为水溶性物质予以清除。

① 水溶性水垢 最普通的水溶性水垢是氯化钠，可用低矿化度水使其溶解，不宜用酸。若石膏是新生成的和多孔的，则可用含有 $55g \cdot L^{-1}$ 的氯化钠溶液进行循环，使石膏溶解。

② 酸溶性水垢 所有的水垢中以碳酸钙居多，为酸溶性。盐酸和醋酸可用来去除碳酸钙水垢，也可用甲酸和氨基磺酸去除。在低于 93℃ 的温度下，醋酸不会损害镀铬表面，但盐酸会腐蚀镀铬表面。酸溶性水垢还包括碳酸亚铁、硫化亚铁等，可用含有多价螯合剂的盐酸来消除铁垢，多价螯合剂可保护铁离子直至随水排出地层。

③ 不溶于酸的水垢 唯一不溶于酸的水垢是硫酸钙，可通过将其转化为碳酸钙或氢氧化钙这类可溶于酸的物质，再去除。采用的垢转化剂有碳酸氢铵、碳酸钠、氢氧化钾等。

④ 新型除垢剂。

a. 水溶性盐类，如马来酸二钠盐，可将硫酸钙转化为水溶性物质，添加润湿剂或有机溶解剂可增加作用效果。

b. 葡萄糖酸盐(钠、钾)、氢氧化钠(钾)和碳酸钾(钠)的混合溶液，可除去硫酸钙，生效较快。

c. 酸和矾催化剂，用以去除被包裹的硫化物沉积垢，以无机酸(多是盐酸)、五氧化二钒、羟酸的混合液形式使用。可用砷酸盐、硫脲等缓蚀剂缓解酸蚀效果。

d. 双硫醚，用以去除硫化物沉积垢，可用脂肪胺增效。

e. 双大环聚醚和有机酸盐，溶于水后可去除硫酸钡垢。

f. 羟甲基单大环状聚胺，溶于水后可去除硫酸钙、硫酸钡垢。

5. 污水的缓蚀

污水的 pH 值为 6~8，属于中性介质，可用中性介质缓蚀剂缓蚀。按作用机理可分为氧化膜型缓蚀剂、沉淀膜型缓蚀剂和吸附膜型缓蚀剂三类(表6-2)。

表 6-2　缓蚀剂的分类

缓蚀剂分类		缓蚀剂举例	保护膜特征
氧化膜型		铬酸盐	致密
		亚硝酸盐	—
		钼酸盐	膜较薄(3~30mm)
		钨酸盐等	与金属结合紧密
沉淀膜型	水中离子型	聚磷酸盐	多孔
		硅酸盐	膜厚
		锌酸盐	与金属结合不太紧密
	金属离子型	巯基苯并噻唑	较致密
		苯并三氮唑等	膜较薄
吸附膜型		有机胺、硫醇类、其他表面活性剂、木质素类、葡萄糖酸盐类等	在非清洁表面吸附性差

（1）氧化膜型缓蚀剂

缓蚀剂直接或间接地与金属生成氧化物或氢氧化物，从而在金属表面上形成保护膜，这种保护膜薄而致密，与基体金属的黏附性强，结合紧密，能阻碍溶解氧扩散，使金属的腐蚀反应速度降低。这种保护膜在形成过程中，膜不会一直增厚，当这种氧化膜增大到一定厚度时，一部分氧化物会向溶液中扩散，当氧化物向溶液扩散的趋势成为膜增厚的障碍时，膜厚的增长就几乎自动停止。因此，氧化膜型缓蚀剂效果良好，而且有过剩的缓蚀剂也不会产生垢。多数氧化膜型缓蚀剂都是重金属含氧酸盐，如铬酸盐、铂酸盐、钨酸盐等。因重金属缓蚀剂易造成环境污染，所以一般应用较少。

亚硝酸盐借助于水中溶解氧在金属表面形成氧化膜而成为氧化膜型氧化剂，具有代表性的有亚硝酸钠和亚硝酸铵。值得注意的是，这种缓蚀剂在含有氧化剂的水中使用时，它会被氧化成硝酸盐，其缓蚀效果就会减弱，因此它不能与氧化型杀菌剂（如氯气等）同时使用。此外，亚硝酸盐在长期使用后，系统内的硝化细菌会大量繁殖，能氧化亚硝酸盐成为硝酸盐，使得防腐效果降低。因此，亚硝酸盐的使用也受到一定限制。

（2）沉淀膜型缓蚀剂

① 水中离子沉淀膜型缓蚀剂　它能与溶解于水中的离子生成难溶盐或络合物，在金属表面上析出沉淀，从而形成防腐蚀薄膜，这种薄膜多孔、较厚、比较松散，大多与金属基体的黏合性差。因此，它防止氧向金属表面扩散不完全，防腐效果不很理想。如果这种缓蚀剂用量过多，所生成的膜厚度会不断增加，这样由于垢层加厚而影响传热；如果水温较高，而且水中有碳酸氢盐，就会生成碳酸盐垢以及溶解更多二氧化碳，这样对系统是不利的。沉淀膜型缓蚀剂有聚磷酸盐、硅酸盐和锌盐等。聚磷酸盐的缓蚀作用与其络合作用有关，即聚磷酸盐和水中 Ca^{2+}、Mg^{2+}、Zn^{2+} 等离子形成的络合盐在金属表面构成保护膜，如果生成的保护膜致密，与基体金属的黏合性好，那么缓蚀作用就明显；反之，缓蚀效果就差。

② 金属离子沉淀膜型缓蚀剂　它是由于使金属活化溶解，并在含金属离子的部位与缓蚀剂形成沉淀，产生致密的薄膜，其缓蚀效果良好。在防蚀膜形成之后，即使在缓蚀剂过

剩的情况下，薄膜也停止增长，因为防蚀膜一经形成，它将金属包裹起来，而不与缓蚀剂继续作用，也就停止生成沉淀，防蚀膜也不再增厚。常用的缓蚀剂如巯基苯并噻唑(简称MBT)是铜的很好阳极缓蚀剂，剂量仅为 $1\sim2\text{mg}\cdot\text{L}^{-1}$，其保护作用机理是它在铜体的表面形成螯合物，从而抑制腐蚀。这类缓蚀剂还有杂环硫醇等。巯基苯并噻唑与聚磷酸盐共同使用，对防止金属的点蚀有良好效果。

(3) 吸附膜型缓蚀剂

吸附膜型缓蚀剂都是有机化合物，分子中具有亲水基团和疏水基团，其分子的亲水基团能有效地吸附在洁净的金属表面上，而将疏水基团朝向水侧，阻碍溶解氧和水向金属表面扩散，从而抑制腐蚀反应。这类缓蚀剂的防蚀效果与金属表面的洁净程度有很大关系，如果金属表面有很多污垢，所形成的吸附膜就不严密，起不到隔绝腐蚀介质的作用，在局部地方腐蚀会很严重。吸附膜型缓蚀剂主要有胺类化合物及其他表面活性剂类有机化合物。

6. 污水的杀菌

对于油气田注入水和污水处理系统，细菌所造成的危害基本上可分为两类：一类是腐蚀；另一类是造成堵塞。据国外资料统计，由硫酸盐还原菌造成的钢铁腐蚀约占全部腐蚀的50%左右。在许多污水回注站，由于细菌的生长，使得水质变黑，注水滤网被堵塞以致地层被堵塞。因此，为了保证注水效果，在污水处理系统中实施杀菌是非常重要的。

在油气田水系统中，最常见的细菌有硫酸盐还原菌(SRB)、铁细菌和腐生菌。在适宜的条件下，大多数细菌在污水系统中都可生长繁殖，其中危害最大的为硫酸盐还原菌和腐生菌。

在厌氧条件下能将硫酸盐还原成硫化物的细菌叫硫酸盐还原菌。硫酸盐还原菌包括脱硫弧菌属中的几种菌和梭菌属中的一种致黑芽梭菌。脱硫弧菌是根据拉丁文命名的，其原意是脱硫的、稍微弯曲的、棒状快速摆动的细菌，故称脱硫弧菌。脱硫弧菌属中的几种菌形态基本相似，都是可将无机硫酸盐还原成硫化物的厌氧菌。这几种菌的差别仅仅在于它们所氧化的有机基质不同。

在某些特定环境下，很多细菌都可以形成黏膜附着在设备或管线内壁上，也有些悬浮在水中。凡是能形成黏膜的细菌都称为腐生菌，该菌类为好氧菌，它可从乙醇、糖类等有机物中获得能量。大多数污水系统都能满足该菌类对温度及营养的要求，因此出现这类菌的现象很普遍。

在开放式污水处理站的除油罐、缓冲罐及过滤罐中也有此类细菌。白膜为腐生苗，黑色黏状物是硫酸盐还原菌，枯黄色的是铁细菌。

可用化学杀菌剂除去这些有害细菌。按药剂杀生机制分，化学杀菌剂可分为两类：

① 氧化型杀菌剂。如氯气、次氯酸钠、溴、三氯异三聚氰酸等。

② 非氧化型杀菌剂。如季铵盐、二硫氰基甲烷和大蒜素等。

氯气是氧化型杀菌剂中应用最广泛的一种药剂，由于它价格低廉、有效、使用方便，至今仍然是工业用水常用的一种药剂。但是氯气杀菌在一定的范围内有其局限性，因此为适应不同场合、条件，必须配备其他氧化型或非氧化型杀菌剂交替使用。

思考题

【6-1】油包水乳化原油的破乳方法有几种类型？破乳机理是什么？

【6-2】水包油乳化原油的破乳方法有几种类型？破乳机理是什么？

【6-3】原油的起泡原因是什么？消泡机理有哪些？

【6-4】原油降凝和原油降黏有何异同？

【6-5】地下管道的金属腐蚀有哪几种？

【6-6】油罐腐蚀发生在什么部位？为什么？

【6-7】金属防腐有哪些方法？其原理是什么？

【6-8】地下管道的防腐方法有哪些？什么叫自然电位？什么叫保护电位？

【6-9】简述覆盖层防腐法与阴极保护法的适用性。

【6-10】天然气脱水的方法有哪些？

【6-11】天然气水合物的抑制方法有哪些？

【6-12】油气田污水处理常用的絮凝剂有哪些？

参 考 文 献

[1] 赵福麟.油田化学[M].东营:中国石油大学出版社,2010.

[2] 于涛,丁伟,曲广淼.油田化学剂[M].北京:石油工业出版社,2008.

[3] 陈大钧,陈馥,等.油气田应用化学[M].北京:石油工业出版社,2006.

[4] 崔正刚.表面活性剂、胶体与界面化学基础[M].北京:化学工业出版社,2013.

[5] 王中华.AMPS多元共聚物在钻井液中的应用[J].精细石油化工进展,2000(10):20-23.

[6] 杨小华.我国钻井用化学品研究开发进展[J].精细与专用化学品,2009,17(24):26-29.

[7] 付美龙,陈刚.油田化学原理[M].北京:石油工业出版社,2015.

[8] 杨小华,王中华.2015—2016年国内钻井液处理剂研究进展[J].中外能源;2017,22(6):32-40.

[9] 王中华.2013—2014年国内钻井液处理剂研究进展[J].中外能源,2015,20(2):29-40.

[10] 王中华.国内钻井液及处理剂发展评述[J].中外能源,2013,18(10):34-43.

[11] 王中华.国内钻井液处理剂研发现状与发展趋势[J].石油钻探技术,2016,44(3):1-8.

[12] 王中华.钻井液及处理剂新论[M].北京:中国石化出版社,2016.

[13] 贾铎.钻井液工程师技术手册[M].北京:石油工业出版社,2015.

[14] 潘敏,方曦,张启根,等.钻井液用聚合物降滤失剂研究与应用[J].钻采工艺,2015,38(5):92-95.

[15] 单洁,张喜文,杨超,等.耐温抗盐改性淀粉钻井液降滤失剂的合成及性能研究[J].油田化学,2015,32
(4):481-484.

[16] APALEKE A S.HOSSAIN M E.Drilling Fluid:state of the art and future trend[Z]. SPE149 555, 2012.

[17] 潘祖仁.高分子化学[M].北京:化学工业出版社,2004.

[18] 唐善法,刘忠运,胡小冬.双分子表面活性剂研究与应用[M].北京:化学工业出版社,2011.

[19] 张浩,符军放,冯克满,等.新型油井水泥分散剂PC-F42L的研制与应用[J].钻井液与完井液,2012,29
(4):55-58.

[20] 顾光伟,姚晓,周兴春,等.G级高抗硫油井水泥稠化性能异常原因分析[J].钻井液与完井液,2015,32
(5):49-53.

[21] 朱涵.油井水泥外加剂研究现状及展望[J].当代化工研究,2016(7):88-89.

[22] 岳湘安,王尤富,王克亮.提高石油采收率基础[M].北京:石油工业出版社,2007.

[23] 王德民.黏弹性流体的特殊性对油藏工程、地面工程及采油工程的影响[J].大庆石油学院学报,2001,25
(3):46-52.

[24] 王德民.发展三次采油新理论新技术,确保大庆油田持续稳定发展(上,下)[J].大庆石油地质与开发,
2001,20(3):1-7.

[25] 王德民,程杰成,夏惠芬,等.黏弹性流体平行于界面的力可以提高驱油效率[J].石油学报,2002,23
(5):48-52.

[26] 王德民,王刚,吴文祥,等.黏弹性驱替液所产生的微观力对驱油效率的影响[J].西安石油大学学报(自
然科学版),2008(1):43-55,112.

[27] 程杰成,吴军政,胡俊卿.三元复合驱提高原油采收率关键理论与技术[J].石油学报,2014,35(2):
310-318.

[28] 卜海,张玉,高圣平,等.石油工业油田化学剂标准化现状及发展趋势[J].西部探矿工程,2016,28(4):
185-188.

[29] 王其伟.泡沫驱油发展现状及前景展望[J].石油钻采工艺,2013,35(2):94-97.

[30] 刘繁,闫钰,马如然.油田化学用2-丙烯酰胺基-2-甲基丙磺酸聚合物的研究及应用[J].精细石油化工
进展,2012,13(8):20-24.

［31］孙龙德,伍晓林,周万富,等.大庆油田化学驱提高采收率技术［J］.石油勘探与开发,2018,45(4)：636-645.

［32］赵方剑.胜利油田化学驱提高采收率技术研究进展［J］.当代石油石化,2016,24(10)：19-22.

［33］汪卫东,宋永亭,陈勇.微生物采油技术与油田化学剂［J］.油田化学,2002(3)：293-296.

［34］赵娟,,戴彩丽,汪庐山,等.水玻璃无机堵剂研究［J］.油田化学,2009,26(3)：269-272.

［35］李兆敏,孙茂盛,林日亿,等.泡沫封堵及选择性分流实验研究［J］.石油学报,2007,28(4)：115-118.

［36］岳大伟.聚氨酯涂层油管用于油井防蜡［J］.油田化学,2008,25(3)：207-209.

［37］周继东,朱伟民,卢拥军,等.二氧化碳泡沫压裂液研究与应用［J］.油田化学,2004,2l(4)：316-319.

［38］陈凯,蒲万芬.新型清洁压裂液的室内合成及性能研究［J］.中国石油大学学报：自然科学版,2006,30(4)：107-110.

［39］孙春柳,曲延明,刘卫东,等.不同结构破乳剂对原油乳状液的适用性研究［J］.石油与天然气化工,2009,38(6)：515-517.

［40］肖中华.原油乳状液破乳机理及影响因素研究［J］.石油天然气学报,2008,30(4)：165-168.

［41］刘立伟,向问陶,张健.渤海油田原油乳状液流变性研究［J］.西南石油大学学报(自然科学版),2010,32(6)：143-146.

［42］《油气田腐蚀与防护技术手册》编委会.油气田腐蚀与防护技术手册［M］.北京：石油工业出版社,1999.

［43］王成达,严密林,赵新伟,等.油气田开发中 H_2S/CO_2 腐蚀研究进展［J］.西安石油大学学报(自然科学版),2005,20(5)：66-70.

［44］宋昭峥,葛际江,张贵才,等,高蜡原油降凝剂发展概况［J］.石油大学学报：自然科学版,2001,25(6)：117-120.

［45］邹明华,都芳兰,赵林,等.无机絮凝剂在油田水处理中的应用发展.断块油气田,2006,13(6)：76-78.

［46］马宝东,陈晓彦,张本艳,等.聚合物驱新型污水处理剂的研制和应用［J］.油气地质与采收率,2005,12(5)：70-72.

［47］Langevin D. Polyelectrolyte and surfactant mixed solutions：Behavior at surfaces and in thin films. Advances in Colloid and Interface Science,2001,89：467-484.